Luz Lâmpadas & Iluminação

MAURI LUIZ DA SILVA

Luz Lâmpadas & Iluminação

"No início tudo eram trevas...
e a LUZ se fez".
GÊNESIS 1,3

Luz, Lâmpadas & Iluminação - 4ª Edição Revisada

Editor: Paulo André P. Marques
Produção Editorial: Aline Vieira Marques
Assistente Editorial: Dilene Sandes Pessanha
Preparação de originais, projeto gráfico e editoração: Mirian Raquel F. Cunha
Seleção das imagens: Ricardo Leptich
Fotos: Gentilemente cedidas por Osram® do Brasil – Lâmpadas Elétricas Ltda.

FICHA CATALOGRÁFICA

SILVA, Mauri Luiz da.

Luz, Lâmpadas & Iluminação - 4ª Edição Revisada

Rio de Janeiro: Editora Ciência Moderna Ltda., 2014.

1. Iluminação elétrica. 2. Iluminação elétrica – História.
I — Título

ISBN: 978-85-399-0595-9 CDD 363.620

Editora Ciência Moderna Ltda.
R. Alice Figueiredo, 46 – Riachuelo
Rio de Janeiro, RJ – Brasil CEP: 20.950-150
Tel: (21) 2201-6662/ Fax: (21) 2201-6896
E-MAIL: LCM@LCM.COM.BR
WWW.LCM.COM.BR

10/14

"A luz e seu uso dependem de conhecimento técnico, bom gosto e sensibilidade de cada um."

DEDICO esta obra aos profissionais que fazem ou farão da luz sua matéria prima. Relaciono abaixo algumas das categorias às quais quero estender esta dedicatória; profissionais que foram ao mesmo tempo incentivadores e alvos deste trabalho: arquitetos, decoradores, engenheiros, estudantes de Engenharia e Arquitetura, professores e mestres, profissionais da luz, pesquisadores, técnicos, vendedores e interessados em iluminação.

" Agradecer é o fundamento".

DO LIVRO RIMAS DA VIDA, DO AUTOR

AGRADECIMENTOS

À minha esposa Alair e aos meus filhos Olga Letícia e Luiz Armando pela compreensão de sempre com um marido/pai que sacrificou muitas horas de folga e de lazer na criação deste livro.

A Osram® do Brasil – Lâmpadas Elétricas Ltda., tanto pelo material cedido como por toda a experiência adquirida ao longo de tantos anos como funcionário e gerente. Agradecimento que se estende aos colegas de trabalho pelo incentivo e pela experiência sobre produtos de iluminação.

Aos parceiros do Copabola, da Turma de Grude, da Praia de Oásis, da Paróquia Nossa Senhora de Fátima, do Rotary Club, do Clube Comercial Sarandi, do Sport Club Internacional, aos meus irmãos Marina, Marino, Milton, Mauro e ao incontável número de amigos que me orgulho em ter; todos com sua parcela de contribuição na minha formação como ser humano e profissional.

"Pelo que fomos, pelo que somos e pelo que seremos.
A Luz da Vida percorrendo os tempos".

HOMENAGEM

A OLGA MARIA e ARMANDO, meus pais, por terem colocado LUZ no caminho para a minha educação e formação.

O tempo que tenho vivido sem vocês aqui na Terra não diminuiu a sua importância na minha vida e nem a esperança de um dia vivermos novamente juntos em outro plano.

Sumário

Apresentação

Em 1981 conheci o Mauri, quando foi contratado pela Companhia. Mas só comecei a ter contatos mais frequentes e conhecê-lo melhor um ano depois, quando assumi a Gerência Geral de Vendas da Osram®, passando a coordenar o trabalho dos gerentes regionais, função que era então por ele exercida na Região Sul do Brasil.

A sua experiência com lâmpadas, porém, já vinha de mais tempo, pois quando foi admitido como funcionário já trabalhava com o produto há praticamente 10 anos.

Hoje vejo com alegria toda a experiência adquirida durante esse longo tempo sendo registrada em livro. Sendo ele um entusiasta do tema *lâmpadas e iluminação* – em torno do qual, há vários anos vem fazendo palestras para todos os segmentos ligados ao assunto –, consegue finalmente concluir seu trabalho. Um trabalho que vem preencher uma lacuna – a falta de material didático e de cultura geral sobre a luz e seus efeitos.

Como o próprio Mauri diz, até há pouco tempo nem a cadeira de iluminação artificial existia nas faculdades de engenharia e arquitetura; agora, no entanto, há falta de obras que auxiliem os estudantes, bem como os próprios profissionais.

O livro tem um conteúdo abrangente, pois descreve a luz artificial desde os primórdios dos tempos até a modernidade. Em geral, num livro como este, a pessoa lê e fica com algumas dúvidas. Até nisso foi pensado. O último capítulo foi escrito justamente para dirimir as principais dúvidas que aparecem nesses casos.

Como dirigente de uma grande indústria de lâmpadas fico extremamente gratificado com o lançamento desta obra – que de antemão sabemos estar fadada ao sucesso – pelo seu ineditismo, pela qualidade das informações e principalmente por ser um texto direto e de fácil compreensão.

Em suas palestras, o Mauri sempre comenta que, mesmo havendo entre os presentes um estudante de primeiro semestre, este terá condições de entender tanto quanto um profissional que trabalha com iluminação há muitos anos, porque usa linguagem simples, sem muitos termos técnicos complicados. Lendo o livro, fica-se com a certeza de que esse objetivo foi alcançado também em sua forma escrita.

Desta convicção nasce a afirmação de que mesmo as pessoas sem qualquer ligação com o tema, lendo-o, poderão entender um pouco ou muito sobre lâmpadas e iluminação.

Fico imensamente feliz em saber que, com este livro, muitas pessoas terão acesso às informações sobre esse fascinante, envolvente e emocionante tema que é a luz.

Luz que faz parte de nossa vida de várias formas: luz divina, luz espiritual, luz natural, luz artificial, luz do nascimento... Tantas são as formas de luz, que a empresa que dirijo adotou, em certa época, o ***slogan*** *Nossa Vida é Luz*, que considero de grande alcance por definir muito bem a abrangência e a importância da luz no mundo moderno.

Assim, recomendo com ênfase a leitura desta obra, desejando-lhes um bom entendimento, com a certeza de que, com este livro, Mauri Luiz da Silva coloca muito mais luz no caminho de todos nós.

DIETRICH BERND SCHIFFMANN
Diretor Superintendente
Osram® do Brasil – Lâmpadas Elétricas Ltda.

Prólogo da 4ª edição

Quando finalizo a revitalização deste trabalho, que foi o primeiro da minha carreira de sete livros em dez anos, quero agradecer a todos que prestigiaram aquele meu início como escritor em 2001. Nesses mais de dez anos, sei que o conteúdo foi fundamental para o ensino do tema Iluminação em todos os níveis e me fez crescer em todos os sentidos, me tornou requisitado em todos os cantos do país para palestras, cursos, treinamentos em iluminação, mas especialmente cresci na área pessoal, pois consegui mais e mais amigos. Tudo que faço na vida é para isso: conquistar amigos e, neste caso, iluminados amigos.

Fico muito feliz por me ser possibilitado distribuir conhecimentos sobre a luz e seus efeitos, pois esta é uma tarefa extremamente gratificante.

Muito obrigado, amigos, iluminados amigos!

Mauri Luiz da Silva
Especialista em Iluminação
mauriluizdasilva@gmail.com

Trabalho

A melhor Luz de nossas vidas.

Na sua primeira edição, este livro foi escrito com o apoio da Osram® do Brasil – Lâmpadas Elétricas Ltda., sendo que os dados técnicos foram extraídos de seu Catálogo Geral, bem como de seu site www.osram.com.br e www.osram.com.

É normal pensar que eu poderia ter usado outras fontes de pesquisa, mas a grande fonte foi realmente o conhecimento e a experiência que adquiri durante tantos e tantos anos trabalhando com lâmpadas e iluminação. Minha intenção maior foi extrapolar a simples transcrição de dados técnicos, levando ao leitor algo que nunca estará escrito em nenhum catálogo: a experiência e o amor por aquilo que se faz – a paixão pelo trabalho.

Neste aspecto, posso afirmar que procurei transmitir muito mais que dados frios de um catálogo técnico, os quais foram utilizados como mero apoio, pois procurei transmitir uma vida de trabalho, traduzida como dedicação e paixão pelo tema:

LUZ, LÂMPADAS
& ILUMINAÇÃO

1. Definições iniciais

COMO TUDO COMEÇOU

Atendendo a inúmeros pedidos.

Venho trabalhando com lâmpadas e iluminação há mais de 30 anos e, durante tanto tempo, é normal que se tenha adquirido conhecimentos sobre o tema. Mesmo ligado à área de comercialização, sempre gostei muito da parte aplicativa dos produtos, pois penso que, para vender alguma coisa, necessariamente é preciso saber como usar e tirar o melhor proveito desse artigo.

Diante disto, em determinado momento, comecei a fazer apresentações e palestras sobre esse palpitante assunto. Primeiro, para os quadros de vendas dos clientes da empresa em que trabalhava; depois, para alunos de cursos técnicos de faculdades e, finalmente, para especificadores de produtos – sendo este um público maior e mais heterogêneo, em razão de ser formado por arquitetos, decoradores, engenheiros, eletricistas, desenhistas de iluminação, entre outros.

Hoje tenho muito orgulho desse trabalho que foi iniciado sem maiores pretensões, com o objetivo de apenas distribuir o conhecimento recebido e que, na sequência, me fez um Especialista em Iluminação e escritor de mais dois livros sobre o tema: *ILUMINAÇÃO – Simplificando o Projeto* (2009) e *LED – A luz dos novos projetos* (2012).

A minha grande alegria em falar de lâmpadas e iluminação para tantas pessoas deriva do fato de ser uma matéria extremamente nova e ao mesmo tempo tão antiga. Parece paradoxal, mas explica-se pelo fato de a iluminação artificial originar-se no tempo das cavernas, quando nossos ancestrais descobriram o fogo que lhes dava luz e calor, enquanto que com a moderna iluminação se procura, entre outras coisas, eliminar justamente o efeito do calor produzido pela iluminação no ambiente, passando por economia de energia, eficiência das fontes de luz e das luminárias, controle do ofuscamento entre outros. Daí nossa afirmação: um tema tão antigo e tão moderno.

Vinha recebendo vários incentivos para registrar em livro a essência de minhas palestras sobre lâmpadas e iluminação. Em princípio não alimentei muito essa ideia, mas como as solicitações foram se sucedendo, comecei a pensar realmente em editar um livro por meio do qual pudesse transmitir o conteúdo de minhas palestras para todos os que se interessam por iluminação. Se vinha tendo sucesso nas apresentações que atingem um público restrito, por que não atingir um público bem maior e que está ainda muito carente de informações sobre esse tema? Também levei em consideração que essa carência atingia principalmente os alunos de faculdades de arquitetura, engenharia entre outros cursos técnicos, bem como muitos profissionais que ao trabalhar em projetos, na hora da iluminação ficam ironicamente numa verdadeira escuridão.

Quem trabalha na área ou cursou alguma faculdade até a década de 1990, sabe que a matéria sobre iluminação artificial só começou a fazer parte dos currículos regulares de várias escolas arquitetura e outros cursos afins neste século, ou seja, muito recentemente. Aliás, sobre o assunto, sempre que falava em faculdades, ressaltava muito esse fato para que a falha fosse sanada com urgência, passando a existir uma disciplina de Iluminação Artificial nos cursos universitários, preparando alunos que necessitariam utilizar conhecimentos sobre luz em seus projetos.

Com grande alegria, vejo hoje, mais de dez anos depois, que meu desejo e incentivo se tornou realidade. E mais, chegamos aos cursos de pós-graduação e mestrado.

Finalmente, pensando inclusive nos cursos técnicos e universitários, foi que resolvi definitivamente escrever este livro, e tenho convicção de que foi e continua sendo, cada vez mais, de extrema utilidade para todos os que necessitam entender um pouco ou muito sobre Luz, Lâmpadas e Iluminação.

Tenho certeza que o leitor entenderá que muitas referências a produtos mencionados nesta obra são da empresa na qual trabalhei por dois motivos bem reais:

1. Trabalhando tanto tempo na mesma empresa, essas referências sempre fizeram parte do meu dia a dia, do meu modo de pensar iluminação e, mesmo que atualmente use referências de todos os fabricantes, a base continua sendo a mesma;
2. Porque as imagens e fotografias utilizadas, em que aparecem referências específicas, foram cedidas pela Osram®, a quem agradecemos.

A utilização das referências e nomes de produtos de uma empresa específica não diminui a importância de outros fabricantes, entre os quais há quem os produza com tão boa qualidade como os referenciados neste livro.

Como curiosidade, cito o fato de que antes de trabalhar na Osram®, trabalhei por dois anos na Philips®, mais precisamente nos anos 1970 e 1971.

Depois da aposentadoria que aconteceu em 2010, investi ainda mais fortemente no conhecimento e na pesquisa sobre iluminação, o que possibilita dedicar-me ainda mais à minha vida de escritor e palestrante sobre o tema e, quando me perguntam se eu aceito fazer palestras, treinamentos ou cursos patrocinados por outros fabricantes, respondo que apesar de minha ligação com a Osram® continuar, até por uma questão histórica, hoje sou um homem do mercado trabalhando para a distribuição dos conhecimentos sobre iluminação, dando ênfase, sim, às marcas que invistam em qualidade e que queiram contar com minha experiência de praticamente quatro décadas dedicada à luz e seus efeitos.

FORMA DE ABORDAGEM DOS ASSUNTOS

A simplicidade na forma
e muita luz no conteúdo.

A iluminação é abordada neste livro de uma forma que espero seja a mais abrangente possível e ao mesmo tempo, numa linguagem direta e acessível, de maneira que mesmo o leigo consiga entender o assunto abordado. Para tanto, evito expressões muito técnicas, traduzindo-as para a linguagem cotidiana. Em raros casos são feitas citações técnicas. Isso acontece apenas em casos em que são necessários para definir alguns conceitos luminotécnicos.

Assim sendo, faço na primeira parte um pequeno histórico da luz, desde a sua descoberta, passando pelas primeiras lâmpadas elétricas e seguimos fazendo uma pequena viagem através dos tempos, citando os principais tipos de lâmpadas elétricas, apresentando-as cronologicamente conforme foram surgindo ao longo da história da humanidade.

Nessa viagem, na medida em que os tipos de lâmpadas forem sendo apresentadas, explicarei suas principais características e seus princípios de funcionamento.

Após a primeira parte, há uma pequena pausa na citação dos tipos de lâmpadas, para demonstrar alguns princípios básicos de iluminação, definindo os principais conceitos luminoténicos, sem os quais é praticamente impossível fazer-se um bom projeto de iluminação. A propósito, muitos dos que assistem palestras e cursos sobre iluminação querem, como objetivo final, conseguir fazer um projeto sem necessitar de muitos cálculos, que sabemos, nem sempre agradáveis, pois se há matéria da qual a maioria dos profissionais da área tentam se esquivar é de matemática e geometria, que são básicas para um projeto mais elaborado. Por outro lado, o objetivo ainda mais definido da plateia é aquilo que costumamos chamar de "receita de bolo", ou seja, joga-se meia dúzia de números (ingredientes) numa planilha (forma) e, com mínima habilidade estará feito o projeto (bolo). Claro que essa receita em sua mais completa perfeição não existe, mas, ao longo deste livro, mais para o final, apresentarei a fórmula que é quase essa procurada "receita". No entanto, é indispensável registrar que se o leitor for direto para as páginas finais, com o intuito de ter o seu bolo pronto, antes mesmo de ir ao supermercado comprar os ingredientes, poderá se frustrar, pois a leitura de todos os capítulos trará conceitos e informações importantes que culminarão no bom entendimento da referida fórmula.

Definidos esses conceitos, voltaremos a apresentar e falar de lâmpadas, por grupos e princípios de funcionamento, chegando até as mais modernas formas de iluminação artificial, entre as quais algumas ainda pouco utilizadas comercialmente, incluindo os já conhecidos LEDs (do inglês *light emitting diode* – diodos emissores de luz), que são tema do meu terceiro livro sobre iluminação, lançado em 2012.

Por fim, tentarei provar para você, num desafio que registro neste início: em 160 páginas, passarei muitas informações, de forma que ao final da leitura você se sinta um verdadeiro "Especialista em Iluminação". Pode até parecer um pouco prepotente fazer tal afirmação neste momento, porém, quero que você realmente se sinta assim ao terminar a leitura deste livro. Independente da formação acadêmica que tenho, neste momento o que realmente interessa e o que quero transmitir a você, leitor, é que tenho grande orgulho em, após mais de 30 anos de atividades ligadas ao ramo, declarar peremptoriamente que eu, Mauri Luiz da Silva, sou um **especialista em lâmpadas e iluminação**.

Assim sendo, lançado o desafio de transformá-lo em especialista, em caso de assim não se sentir, deixo-lhe o direito de comunicar-se comigo para eventuais reclamações, embora tenha a convicção de que o convencerei ao final da leitura a sentir-se **especialista em lâmpadas e iluminação**.

No decorrer do livro, citarei casos e histórias pitorescas para que o desenvolvimento do tema seja feito da forma mais leve e agradável possível, pois minha intenção, podem ter certeza, é que esta obra seja uma síntese perfeita das palestras que tenho proferido sobre iluminação e, como se sabe, alguns palestrantes têm como técnica ou como critério conversar com o espectador, inclusive contando pequenas piadas e casos, sendo este, com certeza, o meu caso. Escreverei inclusive passagens marcantes ocorridas durante essas palestras, que já são mais de mil, ministradas para os mais diferentes públicos, desde vendedores de lâmpadas/iluminação, engenheiros, arquitetos, decoradores, universitários, eletricistas, *lighting designers*, professores entre outros.

Podem ficar tranquilos: um dos meus objetivos é que você chegue ao final da leitura deste livro em alto astral, o que é muito comum no final das minhas apresentações.

Que a Luz esteja conosco!

A LUZ E A ARTE

A Luz e a Arte se confundem
na busca da beleza.

Sempre que abordo o assunto lâmpadas e iluminação, costumo dizer que o tema pode ser comparado a uma obra de arte (Figura 1.1). Quando se fala, por exemplo, em um quadro de pintor famoso, pensa-

FIGURA 1.1 *Comparado a uma obra de arte, um bom projeto de iluminação pode dar mais vida ao objeto de decoração.*

mos nas ferramentas por ele utilizadas para a conclusão de sua obra e vislumbramos o pincel, as tintas e, principalmente, para conseguir a obra, o bom gosto e a arte do pintor. A obra será tanto melhor quanto maior e melhor for a sensibilidade de quem a está criando. Então, pode-se dizer que em iluminação também existem os artistas.

Quando se faz essa comparação, deve-se, numa analogia, pensar que o pincel é a luminária/lâmpada, a tinta é a luz produzida pela lâmpada e o artista, o "Picasso" do sistema de iluminação, é o projetista, seja ele arquiteto de iluminação, engenheiro, decorador, iluminador etc., visto que com seu bom gosto, sua sensibilidade, poderá fazer uma verdadeira obra de arte, com o perfeito aproveitamento dos materiais – pincel, tinta e obra ou lâmpada, luz e efeito.

Assim, notamos que na iluminação, no projeto luminotécnico, como na arte, além dos materiais disponíveis, o que definirá a beleza e a funcionalidade do ambiente são os conhecimentos e a sensibilidade do projetista. Os conhecimentos eu tentarei transmitir neste livro, porém, a sensibilidade e o bom gosto sairão de dentro de você, que realmente para mim e para tantos que tratam do assunto é o verdadeiro artista.

FONTES DE LUZ

Uma perfeita relação entre
a luz artificial e a natureza.

Quando tratamos de luz artificial, para melhor entendermos o seu funcionamento, podemos compará-la com as forças da natureza. Assim, temos:

- **INCANDESCÊNCIA:** na natureza é representada pela luz do Sol; na luz artificial, é a própria lâmpada incandescente.
- **DESCARGA:** na natureza é representada pelo raio (relâmpago); artificialmente, são as lâmpadas de descarga, cujo princípio de funcionamento é idêntico ao da natureza, pois ocorre uma descarga elétrica, porém, dentro de um tubo de vidro, quartzo ou cerâmica.

- **LUMINISCÊNCIA:** na natureza é representada pelo vaga-lume; na iluminação artificial, são os LEDs. A luminiscência é definida mais especificamente como eletroluminiscência.

DEFINIÇÃO DE LUZ

Luz é o que se vê e nos faz ver.

Na natureza existe uma infinidade de ondas eletromagnéticas que, dependendo de seu comprimento, provocam um fenômeno e são batizados com determinados nomes. Existem, entre outras, as ondas de rádios de diversos comprimentos, Ondas médias, Ondas curtas, Micro-ondas, raio X, raio gama, raios infravermelhos, raios ultravioletas.

Dentre essas ondas, cuja grandeza específica é definida em nanômetro (nm), existe uma determinada faixa, localizada entre 380 e 780 nm, visível ao olho humano e que recebe o nome de LUZ. Portanto, a luz nada mais é do que uma onda eletromagnética situada na faixa indicada e que, percebida por nosso cérebro, tem a capacidade de refletir em determinadas superfícies, sendo então visível ao olho humano.

Sempre que se estuda iluminação, as informações sobre os raios ultravioleta (UV) e infravermelho (IR, do inglês *infrared*), se fazem necessárias, uma vez que esses dois tipos de raio estão presentes em todas as fontes de luz e podem provocar queimaduras e desbotamento nos tecidos ou superfícies. Assim, cabe aos profissionais, especialistas e fabricantes produzirem lâmpadas e equipamentos de forma a controlar e até eliminar esses danosos efeitos sobre as pessoas e o meio ambiente.

Modernamente já existem técnicas e produtos que praticamente eliminam os efeitos desses raios e, melhor ainda, contamos atualmente com os LEDs que, na faixa de luz, não emitem UV e IR.

A luz representa segurança, beleza,
funcionalidade. Modela espaços,
cria ambientes – faz parte de nossas vidas.

2. Evolução da luz

HISTÓRIA DA LUZ
Um pequeno resumo

Da Idade da Pedra ao
homem no espaço, o show da luz.

Neste capítulo são apresentadas as principais fontes de luz existentes, mais precisamente as que nos interessam em nosso dia a dia de especialistas em iluminação, ou seja, aquelas que utilizamos hoje, na prática.

São consideradas também, algumas que não são de grande utilidade atualmente, mas tiveram alguma importância no passado e fazem parte de nossa história da luz

Essa apresentação será feita na ordem em que as lâmpadas foram sendo desenvolvidas e utilizadas no mundo moderno, detalhando seus princípios de funcionamento.

LÂMPADAS INCANDESCENTES

A primeira lâmpada elétrica

A fogueira enjaulada.

Nossos antepassados, na Idade da Pedra, em determinado momento descobriram, talvez por acaso, o fogo. Essa descoberta foi tão importante que levou a guerras para se conseguir aquele elemento que lhes dava luz e calor, sendo guarnecido como a um ídolo, um deus. Era a primeira luz artificial que os possibilitava enxergar à noite. Uma grande conquista!

Tempos e tempos se passaram até que Thomas Alva Edison (Milan, Ohio, 11/02/1847 – West Orange, Nova Jérsei, 18/10/931) viabilizou a primeira lâmpada comercial em 1879. E a famosa lâmpada de Edison nada mais era e é, do que uma corrente elétrica passando por uma resistência – filamento que, por essa mesma resistência, aquece até ficar em brasa, ou seja, em estado de incandescência. O filamento, ficando incandescente dentro de um tubo de vidro em vácuo, deu-nos então luz e calor – a exemplo da fogueira dos nossos antepassados – mas infelizmente para o nosso tempo, essa lâmpada à qual foi dado o nome de lâmpada incandescente, pelo seu próprio princípio de funcionamento, nos dava mais calor do que luz, como de fato faz até os dias de hoje (Figura 2.1).

Na realidade, mais de 90% da energia consumida para acender uma lâmpada incandescente é transformada em calor e menos de 10%, em luz (Figura 2.2).

FIGURA 2.1 *Lâmpadas Incandescentes: "um gênio deu luz à esta ideia".*

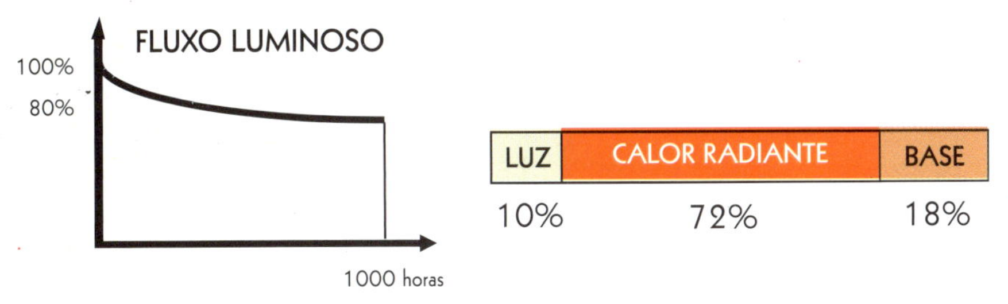

FIGURA 2.2 *Eficiência das lâmpadas incandescentes: são as menos eficientes, pois transformam em luz somente 10% da energia que consomem. Mesmo assim, ainda representam o maior mercado de consumo de lâmpadas.*

A lâmpada incandescente é uma boa fonte de luz, com um excelente índice de reprodução de cores, mas, infelizmente, no que diz respeito à economia de energia, é extremamente deficiente.

O filamento, durante o processo de aquecimento para o acendimento da lâmpada, começa a perder partículas que, se desprendendo dele, depositam-se no bulbo da lâmpada, causando escurecimento deste e tornando a resistência, que é o filamento, a cada acendimento, mais fina. Assim, até o fim da vida útil desse tipo de lâmpada, ela perde muito de sua luminosidade e, em determinado momento – por volta de mil horas – o filamento rompe-se e pronto, a lâmpada está queimada. É por esse motivo que uma lâmpada incandescente nova ilumina mais do que uma usada.

Em determinado momento, houve uma grande polêmica sobre a durabilidade das lâmpadas incandescentes. Ao final deste livro, na parte das perguntas e repostas, esclarecerei a verdade sobre esse polêmico assunto.

Como a nossa lâmpada incandescente ou a lâmpada de Edison nos dá luz e calor, utilizamos a figura de que, na realidade, ela é uma pequena fogueira enjaulada e, até por isso, está caindo em desuso em todos os projetos onde prepondera a economia de energia.

Em muitos casos esse tipo de lâmpadas ainda é utilizado, especialmente quando a preocupação está mais voltada à estética ou em residências de baixa renda, em que não há o conhecimento sobre fontes de luz alternativas e econômicas.

Por decreto, a lâmpada incandescente está sendo proibida mundo afora e, no Brasil, deverá existir somente até 2015, visto que alguém a definiu como vilã e causadora do Efeito Est[illegible].

Pessoalmente não concordo com essa proibição e deixo isso claro em todos os meus livros, pois na sua substituição estão sendo utilizadas lâmpadas fluorescentes compactas que, como veremos na sequência, utilizam mercúrio no seu funcionamento e são muito, mas muito mais prejudiciais ao meio ambiente do que as incandescentes.

No livro *LED – A luz dos novos projetos* a verdade sobre o tema é esclarecida, com muitos detalhes, no que tenho a concordância e o apoio da grande maioria dos profissionais da área.

LÂMPADAS HALÓGENAS
A incandescente turbinada

Um ciclo quase milagroso.

Em muito parecida com a incandescente comum (Figura 2.3), as lâmpadas halógenas têm o mesmo princípio de funcionamento das lâmpadas incandescentes, ou seja, uma corrente elétrica passando por um filamento – resistência – produzindo luz e calor. Existem algumas diferenças que as tornam muito mais eficientes, a começar pelo tubo que envolve o filamento, que já não é de vidro comum, mas de quartzo, pois a temperatura de funcionamento nela é muito mais elevada que na lâmpada comum. A grande diferença, porém, está no que chamamos Ciclo do Halogênio (Figuras 2.4 e 2.5), que é originado através da adição no sistema de gases halógenos, que se combinam com as partículas desprendidas do filamento pelo aquecimento, conforme acontece também nas incandescentes comuns. Porém, essa combinação faz com que se concretize um pequeno milagre, o retorno das partículas para o filamento – que é o núcleo do sistema – fazendo-o permanecer sempre com a mesma espessura.

FIGURA 2.3 *Exemplos de lâmpadas halógenas.*

Dessa forma, com o filamento mantendo sua propriedade original, a lâmpada produz uma iluminação branca e brilhante, de grande intensidade e com uma durabilidade até quatro vezes maior que as tradicionais lâmpadas incandescentes.

FIGURA 2.4 *Ciclo do Halogênio.*

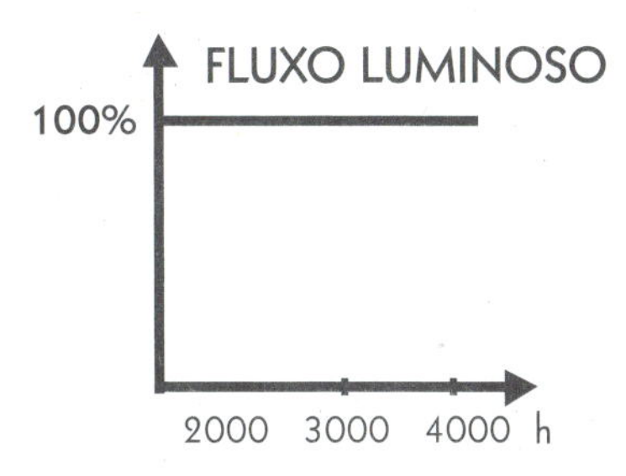

FIGURA 2.5 *Na lâmpadas halógenas, o Ciclo do Halogênio proporciona um fluxo luminoso constante e uma maior vida útil.*

É importante ter em mente que essa propriedade faz com que as lâmpadas halógenas sejam muito utilizadas hoje em dia, tanto na iluminação comercial como nos projetos residenciais, pois, desconsiderando o excesso de calor desprendido por esse tipo de lâmpadas, elas são de múltiplas utilizações em razão da qualidade da iluminação conseguida e, principalmente, por serem de tamanho reduzido, o que possibilita conseguir, assim, conjuntos de iluminação mais harmônicos.

Outra observação importante a se fazer é sobre a tendência de redução no tamanho das fontes de luz, uma vez que, sendo a luz e seus efeitos fantasticamente belos, as lâmpadas e os equipamentos, em geral, são as partes feias do sistema. Hoje, o grande objetivo dos projetistas de iluminação é esconder ao máximo as lâmpadas, tornando seus efeitos mais efetivos, precisos e belos.

Quando digo que os equipamentos são a parte feia do sistema, é preciso lembrar que atualmente existem luminárias decorativas de grande beleza desenvolvidas por desenhistas de iluminação, tanto produzidas pela indústria nacional, como importadas, procurando embelezar cada vez mais o sistema como um todo. Mesmo nessas luminárias – que às vezes são verdadeiras obras de arte – a lâmpada tende a ficar escondida, aparecendo apenas o seu belo e funcional efeito.

Nos próximos capítulos, após abordarmos nesta pequena narrativa histórica os principais tipos de lâmpadas através das décadas, serão apresentados os diversos tipos de lâmpadas halógenas e suas aplicações.

Cabe ressaltar também que as lâmpadas de filamento, como as incandescentes comuns e as halógenas, imitam a luz natural do Sol e por isso têm índice de reprodução de cor (IRC) de 100.

LÂMPADAS FLUORESCENTES

Começa a evolução.

Estas são nossas velhas conhecidas e temos certeza de que se o caro leitor tiver mais de 35 anos conheceu-a com o nome de "fosforescente". Nossos pais não estavam errados quando assim a chamavam, uma vez que o bulbo realmente é pintado com uma tinta que contém fósforo ou uma tinta fosforescente.

Na realidade, esse é um tipo de lâmpada que funciona com sistema de descarga a baixa pressão.

O princípio de funcionamento dessas lâmpadas é parecido com o sistema das lâmpadas a alta pressão, que serão vistas mais adiante em outras lâmpadas mais potentes. Nesse tipo de lâmpada, o princípio de funcionamento não é de apenas uma corrente elétrica passando por uma resistência... como acontece nas lâmpadas incandescentes e halógenas. Nas fluorescentes a eletricidade passa pelo reator, que envia para dentro da lâmpada uma tensão acima do normal, permitindo que o sistema dê a partida. O reator serve para dar a partida da lâmpada e também como um limitador de corrente, protegendo, de certa forma, o circuito como um todo (Figura 2.6). Existem sistemas, chamados convencionais, em que é colocado um *starter* em separado para auxiliar na partida da lâmpada, sistema esse que no Brasil nunca foi muito utilizado, ficando como honrosa exceção o Nordeste do País. Digo honrosa exceção, porque o sistema

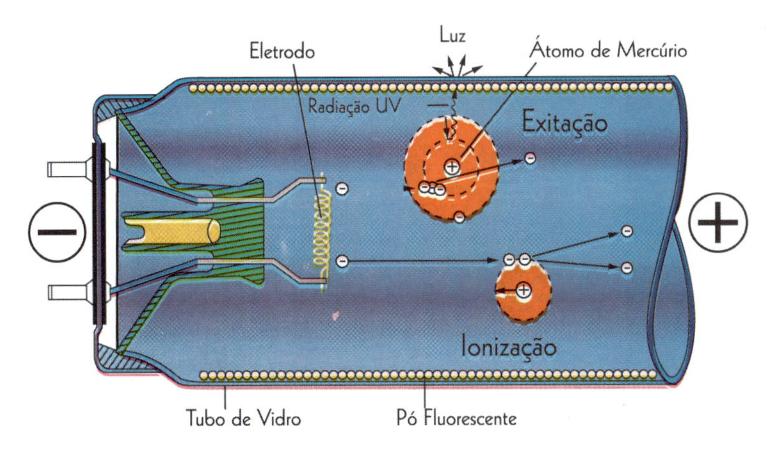

FIGURA 2.6 *As lâmpadas fluorescentes tubulares propiciaram o início da revolução nessa área.*

de reator convencional com *starter* é mais econômico que o tradicional sistema de partida rápida. O primeiro é de origem europeia e o segundo, adotado nos Estados Unidos. Na verdade, mais para frente ficará claro que esses dois sistemas – que utilizam reatores eletromagnéticos – sairão do mercado, dando lugar, definitivamente, aos reatores eletrônicos.

Voltando à fluorescente, ela possui em suas extremidades – eletrodos – recobertos por uma pasta emissiva. No instante da partida do sistema, os filamentos começam a lançar elétrons de um lado para o outro que, se chocando com uma gota de mercúrio contida no bulbo da lâmpada, combinam-se com este e, por processo de mudança de órbitas, vaporizam o mercúrio dando origem à radiação ultravioleta. Esses raios ultravioletas, atravessando o bulbo pintado da lâmpada, geram a luz visível. Se o bulbo da lâmpada fluorescente não estiver pintado com essa tinta branca que conhecemos, não haverá luz gerada pelo sistema, mas apenas o raio ultravioleta que até tem utilização industrial, entre outras, mas não gera luz. Quando houver oportunidade, em visita a algum laboratório de fabricante de lâmpadas ou em alguma palestra sobre lâmpadas e iluminação, pode ser até nas que tenho feito, o leitor poderá constatar esse pequeno fenômeno originado em uma lâmpada fluorescente sem pintura.

Nos próximos capítulos serão apresentados diferentes tipos de lâmpadas fluorescentes e seus vários revestimentos em pintura, bem como suas aplicações.

LÂMPADAS A VAPOR DE MERCÚRIO

A eficiência cresceu em alta pressão.

Lâmpadas a vapor de mercúrio são lâmpadas de descarga à alta pressão muito utilizadas na iluminação pública e que têm princípio de funcionamento semelhante ao das fluorescentes. No interior da lâmpada há um tubo de descarga de quartzo com eletrodos nas extremidades que nas fluorescentes chamamos de filamentos. Desses eletrodos, após a partida da lâmpada feita por meio de um reator, saem elétrons que, se chocando com os átomos de mercúrio situados dentro do tubo de descarga, provocam a vaporização deste e emitem raios ultravioletas, que, como já vimos antes, atravessam o bulbo pintado por tinta de fósforo e provocam a sensação de luz visível, como observamos no item das lâmpadas fluorescentes (Figura 2.7).

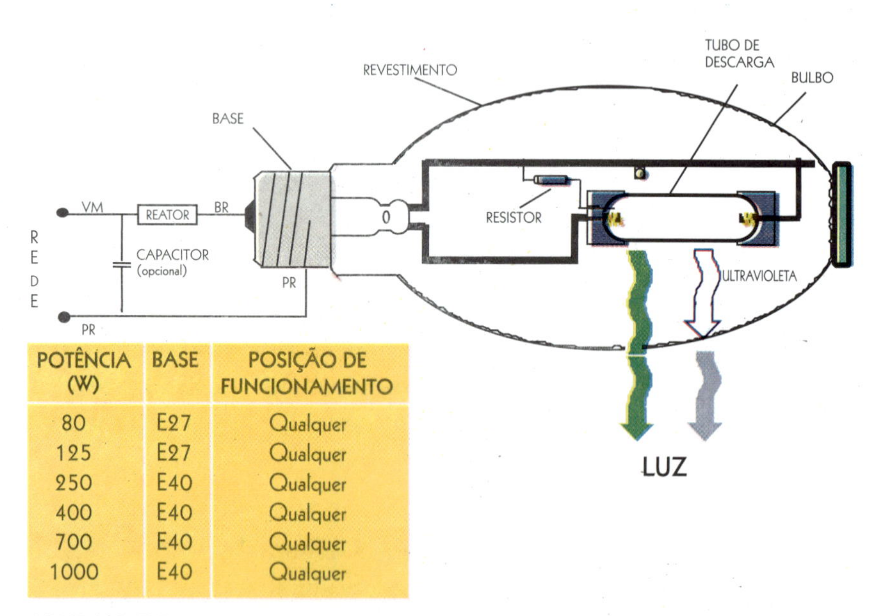

POTÊNCIA (W)	BASE	POSIÇÃO DE FUNCIONAMENTO
80	E27	Qualquer
125	E27	Qualquer
250	E40	Qualquer
400	E40	Qualquer
700	E40	Qualquer
1000	E40	Qualquer

FIGURA 2.7 *Funcionamento da lâmpada a vapor de mercúrio (HQL)*

LÂMPADAS DE LUZ MISTA
As lâmpadas híbridas

Dois princípios num só efeito.

Na sequência histórica do desenvolvimento das fontes de luz artificiais, chegamos à lâmpada mista, que nada mais é que uma combinação da lâmpada incandescente com a lâmpada a vapor de mercúrio puro. Para a partida da lâmpada é usado um filamento incandescente colocado dentro do bulbo que, pelo aquecimento, faz o sistema do tubo de descarga funcionar com os elétrons movimentando-se de um lado para o outro, vaporizando o mercúrio. Nos demais aspectos, seu funcionamento segue o que já vimos nas lâmpadas de mercúrio, bem como nas fluorescentes. O acendimento da lâmpada se dá pelo filamento incandescente, não utilizando reator. Esse tipo de lâmpada funciona diretamente na rede de 220V (Figura 2.8). Para a tensão de 127V não existem lâmpadas mistas. Então, por utilizar filamento de lâmpada incandescente para o acendimento e tubo de descarga de quartzo das lâmpadas de mercúrio para a emissão de luz, é denominada lâmpada de luz mista, ou seja, mistura os

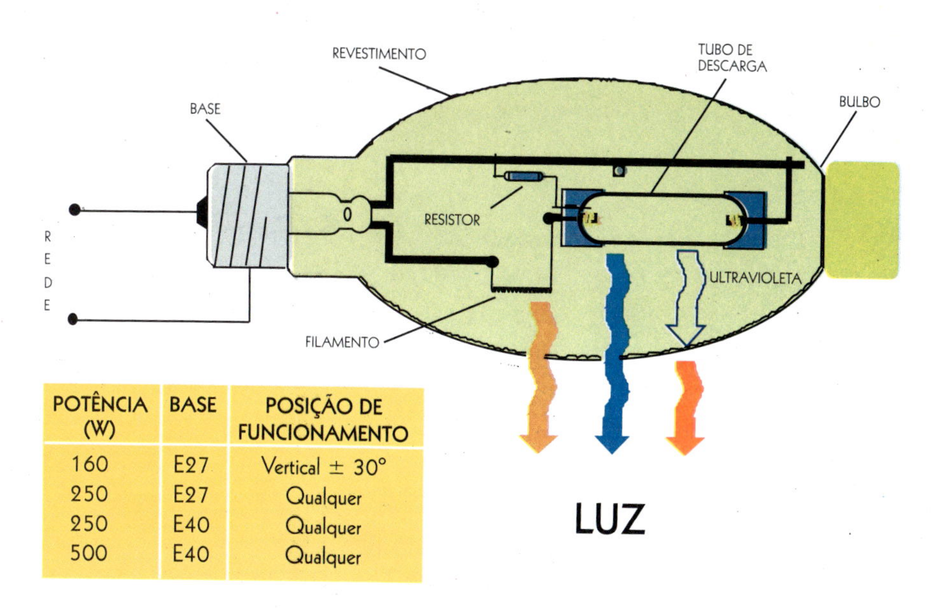

POTÊNCIA (W)	BASE	POSIÇÃO DE FUNCIONAMENTO
160	E27	Vertical ± 30°
250	E27	Qualquer
250	E40	Qualquer
500	E40	Qualquer

FIGURA 2.8 *Funcionamento da lâmpada mista.*

dois princípios de funcionamento: os das lâmpadas incandescente e os das lâmpadas de descarga.

Muito utilizada na iluminação pública, as lâmpadas de luz mista são de fácil instalação, pois basta tirar uma incandescente e, sem nenhuma mudança no sistema, colocar uma mista, ganhando-se, assim, em luminosidade e economia de energia.

Esse tipo de lâmpada nunca foi uma opção absolutamente econômica, mas uma solução intermediária, pois tem muitas restrições no seu funcionamento e por apagar com qualquer variação de tensão. Além disso, como acontece com quase todas as lâmpadas de descarga, leva de 3 a 5 minutos para reacender, causando muito desconforto.

No caso das lâmpadas de mercúrio puro, o reator utilizado serve para sustentar as variações de tensões proporcionando um funcionamento mais regular.

Um cuidado especial que se deve ter é com as lâmpadas com potência de 160W, pois estas funcionam apenas na posição **vertical** de, aproximadamente, 30°. Nas lâmpadas de demais potências, como as de 250W ou de 500W, o funcionamento ocorre em qualquer posição. Alguém pode estar imaginando que a maioria das lâmpadas mistas instaladas na iluminação pública estão justamente na posição de cerca de 30°, mas na **horizontal**, exatamente ao contrário do especificado. Nesta posição errada elas funcionam por acaso e ainda há reclamações quando elas não funcionam, por desconhecimento de sua exata posição de funcionamento.

É fundamental registrar que este é um tipo de lâmpada que está caindo em desuso por sua precariedade no que se refere à economia de energia e, tanto é assim que em 2001, entre as medidas do governo para a economia de energia, este aumentou a alíquota do IPI das lâmpadas mistas de 15% para 45%, desestimulando, assim, sua utilização e privilegiando as lâmpadas a vapor de sódio que tiveram a alíquota de IPI reduzida para zero e que são as lâmpadas a serem abordadas no próximo capítulo.

Em relação às incandescentes, as lâmpadas mistas são bem mais econômicas e, como economia de energia é hoje uma necessidade, elas ainda são procuradas e usadas, por incrível que pareça, mas apenas em instalações rudimentares.

Atualmente o uso desse tipo de lâmpadas é tecnicamente desaconselhado, mas as citamos porque elas fazem parte da história, dessa evolução da luz que estamos percorrendo.

LÂMPADAS A VAPOR DE SÓDIO

O amarelão econômico.

As lâmpadas a vapor de sódio funcionam em alta pressão, utilizando um reator e um ignitor. Ignitor é um componente que faz a tensão elevar-se a um nível de 3,0 a 4,5 quilovolts, ou 4.500 volts, o que proporciona a partida na lâmpada (Figura 2.9).

Para produzir luz, a corrente é lançada em um tubo de descarga que, diferente das lâmpadas de mercúrio, é de cerâmica, pois em seu interior há sódio em vez de mercúrio e, sendo o sódio muito corrosivo, o quartzo não resistiria intacto, motivo pelo qual se utiliza tubo de descarga de cerâmica.

A luz emitida por esse tipo de lâmpadas é extremamente forte e de

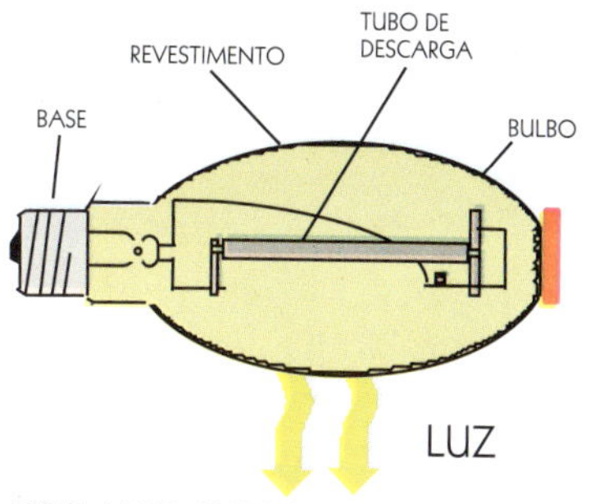

FORMATO ELIPSOIDAL VIALOX NAV-E

POTÊNCIA (W)	BASE	POSIÇÃO DE FUNCIONAMENTO
70	E27	Qualquer
150	E40	Qualquer
250	E40	Qualquer
400	E40	Qualquer
1000	E40	Qualquer

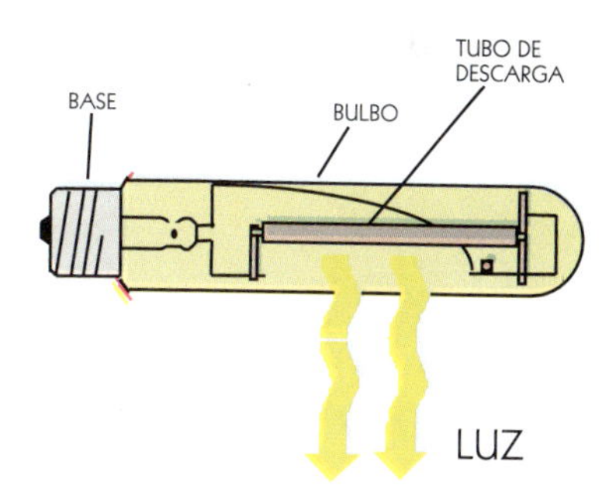

FORMATO TUBULAR VIALOX NAV-T

POTÊNCIA (W)	BASE	POSIÇÃO DE FUNCIONAMENTO
250	E40	Qualquer
400	E40	Qualquer
1000	E40	Qualquer

FIGURA 2.9 *Funcionamento da lâmpada de descarga de vapor de sódio.*

cor amarelada, fazendo com que distorça totalmente as cores, ou seja, tem um péssimo IRC. Em compensação, emite um fluxo luminoso de alta intensidade e com excelente economia de energia. No que diz respeito à eficiência energética é a campeã na economia de energia, tanto que se toda a iluminação pública do Brasil fosse feita com lâmpadas de sódio, não teríamos necessidade de racionamento de energia, como o que aconteceu no início deste século.

Na Figura 2.10 é possível constatar a grande economia de energia proporcionada pelas lâmpadas de sódio, o que justifica o fato de serem campeãs na economia de energia, apesar de reproduzirem pessimamente as cores.

Orienta-se que o uso de lâmpadas a vapor de sódio deve ser incrementado em locais como estacionamentos, vias públicas, galpões industriais e outros ambientes externos nos quais não haja necessidade de reprodução de cores.

Nos locais em que a reprodução de cores é uma necessidade, recomenda-se a utilização do tipo de lâmpadas que serão vistas no próximo capítulo, as de multivapores metálicos, que também têm uma boa economia de energia, apesar de não serem tão eficientes, energeticamente falando, o que é compensado por essa característica de ótima reprodução de cores.

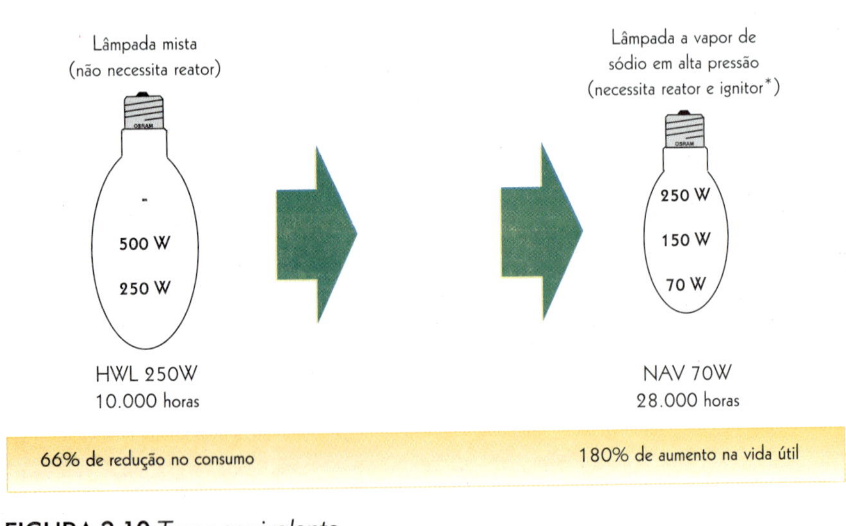

FIGURA 2.10 *Troca equivalente.*
**Considerando-se as perdas dos equipamentos auxiliares*

Locais em que a reprodução de cores é uma necessidade, recomenda-se precisamente a lâmpada que enfocaremos no próximo capítulo, a de multivapores metálicos e que também tem uma ótima economia de energia, apesar de não ser tão eficiente energeticamente falando, mas compensada por essa característica de ótima reprodução de cores.

LÂMPADAS DE MULTIVAPORES METÁLICOS

Destacando a beleza das cores.

Em nossa viagem histórica pelas fontes de luz artificial, chegamos àquelas que, por sua versatilidade, são largamente utilizadas nos dias de hoje.

O princípio de funcionamento das lâmpadas metálicas é exatamente o mesmo das lâmpadas a vapor de sódio: utilizam reator e ignitor em razão de seu pulso de tensão na partida também chegar a 4500 volts.

A grande diferença é que o interior do tubo de descarga – que é de quartzo – é preenchido não apenas com mercúrio ou sódio, mas com uma variedade de metais nobres que, vaporizados, resultam numa emissão de luz branca e brilhante com excelente IRC (Figura 2.11).

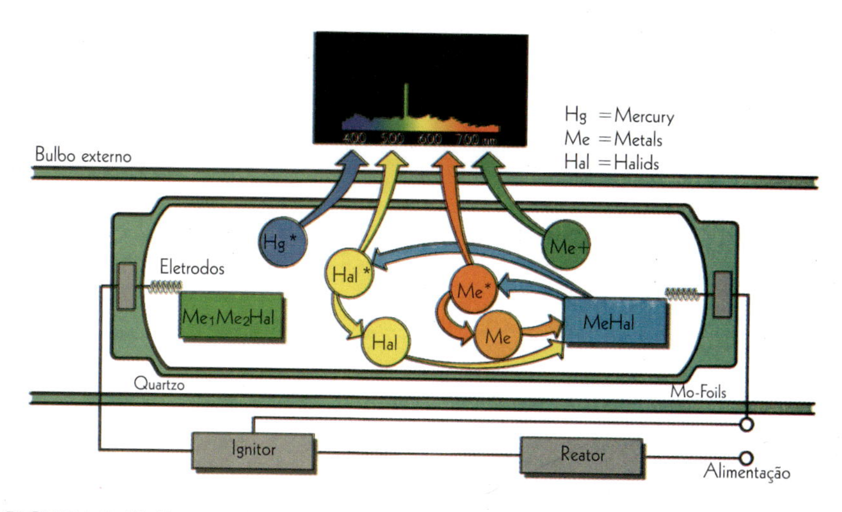

FIGURA 2.11 *Funcionamento da lâmpada de descarga de multivapores metálicos (HQI® da Osram®).*

A lâmpada mais conhecida e de maior utilização no mercado é a HQI® da Osram®, sendo que atualmente existem várias outras de outras marcas que se assemelham ao seu funcionamento. Por outro lado, existem algumas lâmpadas metálicas nas potências de 250W e 400W que têm uma característica diferente, por utilizarem em seu acendimento o reator de lâmpadas de mercúrio e um ignitor de 800 volts. Dessa forma, é preciso ter cuidado na troca da lâmpada, uma vez que esses tipos não são intercambiáveis, pelo fato de que uma tem partida com 4500 volts e outra, com 800 volts.

Na realidade, os efeitos de luz gerados pelas duas lâmpadas são totalmente diferentes. Enquanto a tradicional HQI® e suas similares – que utilizam equipamento auxiliar igual ao das lâmpadas de sódio – resultam em IRC acima de 90, o outro tipo – que acende com 800 volts – tem um IRC abaixo de 70, que é muito deficiente quando se trata de lâmpada metálica. Essa diferença é apenas para os tipos de 250W e 400W. Os demais tipos, como os de 70W, 150W e outros, são intercambiáveis entre todas as marcas.

As lâmpadas de descarga que acabamos de ver, na essência de seu funcionamento, imitam o relâmpago, um fenômeno de descarga elétrica natural. É mais um tipo de luz artificial imitando um tipo de luz da natureza, assim como vimos no caso das lâmpadas de filamento, que imitam o Sol.

Mas, a natureza também nos apresenta uma outra forma de luz que os especialistas conseguiram imitar na forma artifical-elétrica, a qual será vista a seguir.

LED – DIODO EMISSOR DE LUZ

O vagalume como inspiração

Muitos dos leitores conhecem os vagalumes ou pirilampos, que são aqueles insetos que ficam piscando, com luz própria. Eles produzem um tipo de luz natural chamado fotoluminiscência e foi nessa fonte de luz que os cientistas se inspiraram para desenvolverem a luz dos diodos emissores de luz, popularmente conhecidos como LEDs.

Os LEDs produzem luz por eletroluminiscência, imitando, de certa forma, os lúdicos vagalumes.

Essa fonte de luz, que é nova e paradoxalmente antiga, embora tendo sido descoberta muitas décadas antes, teve sua utilização comercial iniciada neste século 21, com maior intensidade, depois de 2010.

Atualmente são utilizados em praticamente todas as áreas do segmento de iluminação, tanto interna, quanto externa.

Foi publicado recentemente o livro, também de minha autoria, *LED – A luz dos novos projetos* e por essa razão não detalharei neste espaço seu funcionamento, aplicações, características, cuidados e tantas especificações que fazem dos LEDs uma moderníssima fonte de luz, que tem sido muito utilizada em pequenos e grandes projetos luminotécnicos.

Mas, é importante deixar claro uma verdade atual que tem sido esquecida por quem deseja utilizar essa nova e revolucionária fonte de luz: LEDs são muitos duráveis, poupam energia e, por isso, são rotulados como econômicos.

Porém, há de se ter cuidado em comparar sistemas de iluminação de forma adequada, pois quando comparamos LEDs com **lâmpadas de filamento**, a **economia é real e indiscutível**, ficando em torno de 75 a 80% somente na economia de energia, sem considerar a durabilidade que é 20 a 50 vezes maior do que as incandescentes ou halógenas.

Por outro lado, quando os comparamos com as lâmpadas de descarga, nem sempre essa economia é real. Vejamos o caso de uma **fluorescente tipo T5**, que tem durabilidade de até 25.000 horas e rendimento luminoso próximo de 100 lumens (lm) por watt (W). Até o momento dessa nossa história luminosa, poucos produtos à base de LEDs oferecidos comercialmente têm durabilidade muito superior a 25.000 horas e rendimento neste nível. Em geral, o rendimento luminoso é de 50 a 70 lm/W.

Como a evolução é muito rápida, pode ser que no momento em que você estiver lendo este capítulo já existam nas lojas LEDs em soluções prontas, com eficiência bem maior do que a que estou indicando. Mas como este não é um livro de previsões, registro a situação atual.

A bem da verdade, já existem LEDs com eficiência bem acima de 100 lm/W, mas que ainda não chegaram ao uso residencial e comercial.

Deixo essa ressalva para que se tenha muita cautela ao trocar lâmpadas tradicionais por LEDs, pois quando se tratam de fluorescentes e outros tipos de lâmpadas de descarga, nem sempre essa troca será vantajosa em termos de eficiência do sistema, posto que as lâmpadas de descarga já são muito econômicas; basta ver que existem lâmpadas a vapor de sódio que produzem mais de 120 lumens por watt consumido.

Para conhecer bem essa revolucionária fonte de luz, os LEDs, recomendo a leitura do meu livro, já citado, *LED – A luz dos novos projetos*.

Para concluir esse capítulo, voltemos ao que já vimos: o desenvolvimento da luz artificial-elétrica tem se inspirado e imitado as forças da natureza:

- **Incandescência:** imitação do Sol
- **Descarga Elétrica:** imitação do relâmpago, do raio.
- **Eletroluminiscência:** imitação do vagalume.

3. A luz e suas grandezas

Após o pequeno histórico da evolução da iluminação na humanidade em seus principais tipos, onde, é claro, não citei as formas intermediárias entre o fogo das fogueiras de nossos ancestrais e a lâmpada elétrica, como, por exemplo, os diversos tipos de lamparinas – lampiões, velas, candeeiros – pois a atenção está centrada nas lâmpadas elétricas, serão apresentados alguns conceitos luminotécnicos importantes, sem os quais nada se pode fazer em termos de iluminação moderna e eficiente.

Esses conceitos serão descritos de forma direta e sem complicações técnicas e esperamos que sejam assim entendidos.

TEMPERATURA DE COR

Temperatura alta sem calor.

Temperatura de cor é a grandeza que define a cor da luz emitida pela lâmpada. Existem várias tonalidades de cor que são identificadas em Kelvin (K) conforme sua temperatura (Figura 3.1). Quanto mais alta for a temperatura em Kelvin, mais branca será a luz e, quanto mais baixa, mais amarelada e avermelhada será.

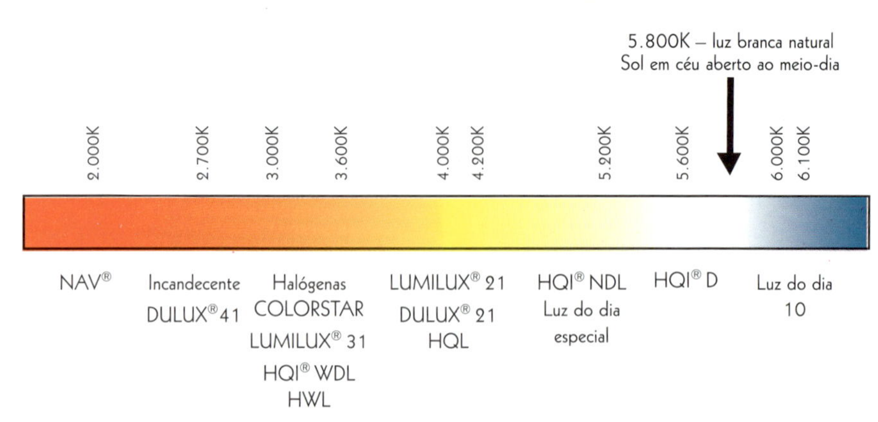

FIGURA 3.1 *A Temperatura de cor é especificada em Kelvin (K).*

Para melhor entendimento, imaginemos uma barrinha de metal – um corpo negro, cujo nome técnico é Radiador de Plank. Ao colocar essa barrinha no fogo de um maçarico, na medida em que ela for aquecendo, começará a ficar avermelhada e, colocando-se mais fogo – mais calor – a barrinha começará a ficar num tom de vermelho mais claro, passando pelas cores laranja e amarela até chegar ao ponto de fusão, quando passará a ter uma cor branca azulada. Entende-se então que quanto mais calor em graus Celsius a barra receber, mais branca ficará, e se transformarmos diretamente a temperatura – calor mesmo – em Kelvin, teremos então a temperatura de cor. Deduzindo-se por meio da lógica que quanto mais alta for a temperatura de cor, mais branca será a luz.

É importante ressaltar que a temperatura de cor nada tem a ver com a temperatura da lâmpada, mas sim com a sua tonalidade de cor, pois se não fosse assim, não seria possível tocar em uma lâmpada fluorescente de 5.250K – que é uma altíssima temperatura de cor – cujo bulbo permanece praticamente frio.

Então está claro, quanto mais alta for a temperatura de cor em Kelvin, mais branca será a luz e quanto mais baixa, mais amarelada será essa luz.

ÍNDICE DE REPRODUÇÃO DE CORES

Quanto maior, melhor.

O índice de reprodução de cores (IRC) serve para medir o quanto a luz artificial consegue imitar a luz natural. Existe um estudo que diz que o IRC de 100 na luz natural é encontrado em uma localidade específica de uma determinada cidade no hemisfério norte, em certa hora do dia. Porém, em linguagem acessível, um IRC de 100 seria algo como um dia claro de sol de verão por volta do meio-dia. Desta forma, quanto mais próximo de 100 for o IRC de uma fonte de luz artificial, mais próxima da luz natural estará, ou seja, reproduzirá mais fielmente as cores e, quanto menor for este índice, pior será a reprodução de cores (Quadro 3.1).

QUADRO 3.1 *Índice de Reprodução de cores*

	Conceito	Nível	Equivalência	Utilizações
100	Excelente	Nível 1	1a - Ra 90 a 100	Testes de cor, floricultura, residências, lojas
	Muito bom		1b - Ra 80 a 89	
80	Bom	Nível 2	2a - Ra 70 a 79	Áreas de circulação, escadas, oficinas, ginásios espostivos
	Razoável		2b - Ra 60 a 69	
60	Regular	Nível 3	Ra 40 a 59	Depósitos, postos de gasolina, pátio de montagem industrial
40	Insuficiente	Nível 4	Ra 20 a 39	Vias de tráfego, canteiros de obras, estacionamentos

Por exemplo, uma lâmpada que reproduz as cores em 65%, não é uma boa fonte de luz para esse fim, enquanto lâmpadas com um IRC acima de 80 são consideradas boas para a reprodução de cores.

No caso da lâmpada a vapor de sódio, o IRC é abaixo de 40. Por isso dizemos que ela tem um péssimo IRC e uma excelente eficiência energética. Gasta muito pouca energia, mas reprodu[illegible]eficientemente as cores

OUTROS CONCEITOS LUMINOTÉCNICOS

Várias grandezas a serviço da Luz.

Além desses dois fundamentos luminotécnicos – temperatura de cor e IRC –, sem os quais não se pode fazer nenhum projeto eficiente, existem outras grandezas luminotécnicas (Figura 3.2) que devem ser conhecidas. Elas serão enumeradas a seguir com seus respectivos conceitos:

LUZ

É uma radiação eletromagnética capaz de produzir sensação visual. É o chamado espectro visível, situado na faixa entre 380 e 780 nanômetros (nm).

FLUXO LUMINOSO (lm)

É a quantidade total de luz emitida por uma fonte e medida em lumens (lm).

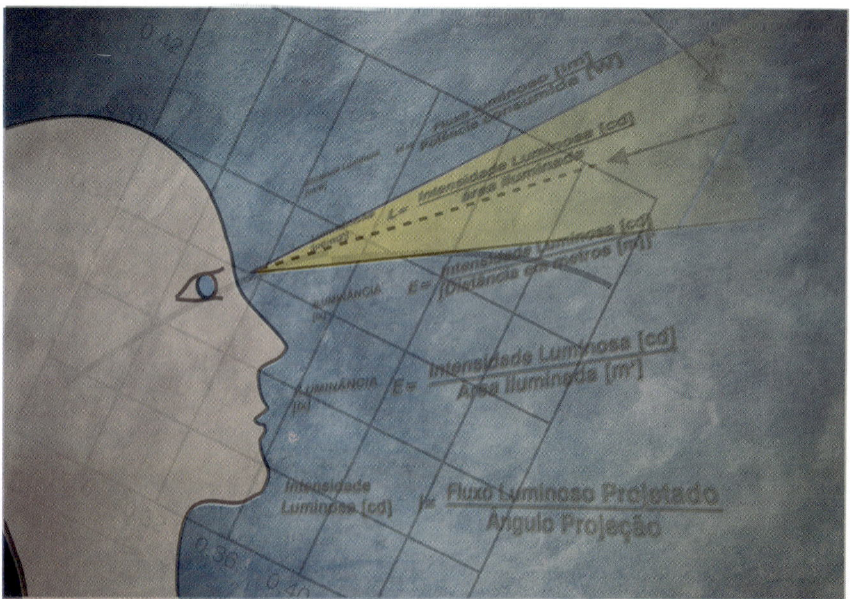

FIGURA 3.2 *O conhecimento das grandezas luminotécnicas são fundamentais para um bom projeto de iluminação.*

INTENSIDADE LUMINOSA (I)

Expressa em candelas (cd), é a intensidade do fluxo luminoso (lm) projetado em determinada direção.

ILUMINÂNCIA (E)

Expressa em lux (lx), iluminância é o fluxo luminoso que incide sobre uma superfície situada a uma determinada distância da fonte. Uma iluminância de 1 lx ocorre quando o fluxo luminoso de 1 lm é distribuído uniformemente numa superfície de $1m^2$.

ÂNGULO DE RADIAÇÃO

É o ângulo sólido produzido por um refletor, que direciona a luz.

FATOR OU ÍNDICE DE REFLEXÃO

É a relação ente o fluxo luminoso refletido e o incidente. Varia sempre em função das cores ou dos acabamentos das superfícies e suas características de refletância.

LUMINÂNCIA (L)

Medida em candelas por metro quadrado (cd/m^2), é a intensidade luminosa produzida ou refletida por uma superfície aparente.

VIDA / DURABILIDADE DE UMA LÂMPADA

Considerando sempre um grande lote testado sob condições controladas e de acordo com as normas pertinentes, a durabilidade de uma lâmpada é expressa em horas e definida por critérios preestabelecidos.

VIDA MEDIANA (h)

É o número de horas resultantes em que 50% das lâmpadas testadas ainda permanecem acesas.

Para realizar essa medição, colocam-se num sistema 100 lâmpadas e, quando a 50ª lâmpada queimar, contam-se as horas decorrentes a partir da instalação e esta será a vida mediana, que resulta num número sempre maior que o resultado obtido pelo conceito de vida média que será visto a seguir.

Este conceito – vida mediana – é mais utilizado para lâmpadas de descarga.

VIDA MÉDIA (h)

É a média aritmética do tempo de duração das lâmpadas testadas. Num sistema são colocadas 100 lâmpadas e, na medida em que elas forem queimando, anota-se o número de horas que cada uma permaneceu acesa. No final, soma-se a duração de cada lâmpada e divide-se pelo número de lâmpadas instaladas (100); o resultado será a vida média deste produto.

O conceito de vida média é mais utilizado para lâmpadas de filamento, o que não significa que não possa ser usado para lâmpadas de descargas ou para LEDs.

Importante: **Vida mediana e vida média** são medidas utilizadas para estabelecer a vida de uma lâmpada, mudando-se o conceito. Algumas especificações pedem vida média e outras pedem vida mediana, conforme a origem do projeto.

VIDA ÚTIL OU RELAÇÃO CUSTO/BENEFÍCIO

Vida útil é o número de horas decorridas quando se atinge 70% da quantidade de luz inicial – devido à depreciação do fluxo luminoso de cada lâmpada –, somado ao efeito das respectivas queimas ocorridas no período, ou seja, 30% de redução na quantidade de luz inicial.

Há fontes de luz que indicam a vida útil para valores acima ou abaixo de 70%. Por isso é importante saber qual a vida útil ou relação custo/benefício, que é conhecida pela letra "L" (do inglês *life* e do alemão leben – vida) seguida do número indicativo da depreciação esperada (p. ex., L70 significa que quando a lâmpada atingir 70% de seu fluxo luminoso original ela deixará de ser útil para aquele determinado fim; L50, significa 50% da luz inicial).

EFICIÊNCIA ENERGÉTICA

É a relação entre o fluxo luminoso e a potência consumida. Portanto, por um watt consumido, uma lâmpada incandescente comum clara

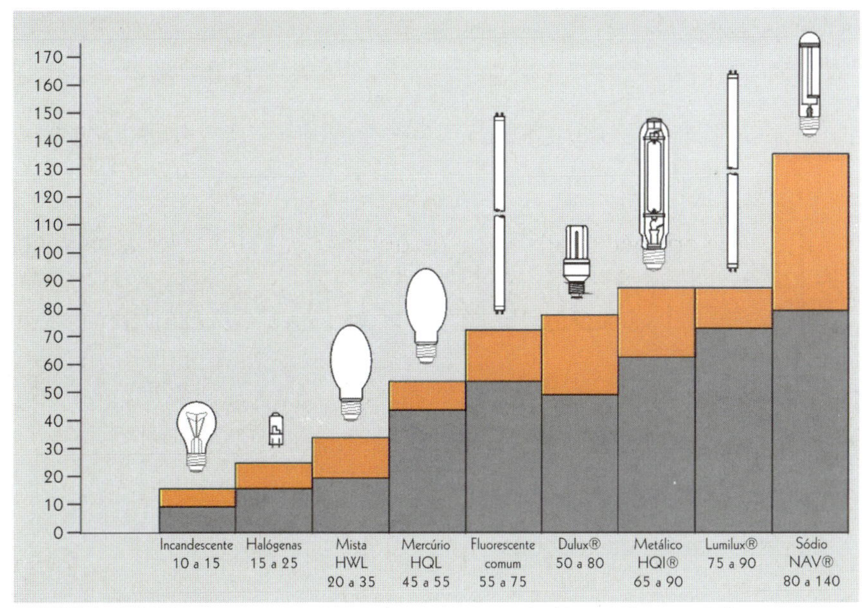

FIGURA 3.3 *Eficiência energética de um grupo de lâmpadas medida em lumen/watt (lm/W)*

produz de 10 a 15 lm/W; uma fluorescente compacta, de 50 a 80 lm/W e uma a vapor de sódio de 80 a 120 lm/W (Figura 3.3). Como já visto, a de sódio é a de melhor eficiência energética.

ESPECTRO VISÍVEL

É a radiação que ocorre em uma determinada faixa, com comprimento de ondas que varia de 380 a 780 nm, ou seja, da cor ultravioleta à vermelha, passando pela azul, verde, amarela e roxa. As cores azul, vermelha e verde (RGB, do inglês *red, green, blue*), quando somadas em quantidades proporcionais, definem o aspecto de luz branca.

Espectros contínuos ou descontínuos resultam em fontes de luz com presença de comprimentos de ondas distintas. Cada fonte de luz tem, portanto, um espectro de radiação próprio que lhe confere características e qualidades específicas.

4. Tipos de lâmpadas

LÂMPADAS
Características e aplicações

"As estrelas do sistema de iluminação por vezes são modestas. Ficam escondidas, mostrando apenas os seus efeitos".

Após fazer esta pequena viagem pela evolução da luz em nossas vidas, serão abordadas a partir de agora os principais tipos de lâmpadas, suas características, seus efeitos e suas aplicações. Claro que não é possível escrever sobre todos os tipos de lâmpadas hoje produzidas, uma vez que são mais de 5.000 modelos, mas com certeza são registradas as principais, que são e serão as mais utilizadas no dia a dia dos profissionais de iluminação. Com isso, pretende-se também matar a curiosidade do público de uma maneira geral que está lendo este livro, de modo a enriquecer seus conhecimentos e colocar mais luz em suas vidas.

LÂMPADAS HALÓGENAS DE BAIXA TENSÃO

Muita luz, pouco risco.

Lâmpadas halógenas de baixa pressão são lâmpadas que funcionam em baixa tensão – normalmente 12V – necessitando de um transformador que transformará a energia recebida – 127V ou 220V – em 12V.

Essas lâmpadas apresentam uma característica importante no que diz respeito à segurança, pois a baixa tensão diminui sensivelmente os riscos de acidentes domésticos graves relacionados a choques elétricos.

Na Figura 4.1 é apresentado um exemplo de projeto luminotécnico utilizando lâmpadas halógenas em 12V e, no Quadro 4.1, as características e aplicações deste tipo de lâmpadas.

QUADRO 4.1 Características e aplicações das lâmpadas halógenas em 12V

CARACTERÍSTICAS	APLICAÇÃO
▪ Alta luminosidade e eficiência ▪ Dimensões reduzidas ▪ Vida útil de 2.000h	Grande variedade de aplicações comerciais e residenciais, além de uluminação de destaque

FIGURA 4.1 *Exemplo de um projeto luminotécnico utilizando lâmpadas halógenas em 12V.*

Halógenas bipino

A Pequena Notável da iluminação.

Lâmpadas halógenas bipino têm dimensões reduzidas e até o final da década de 1980 eram utilizadas em pequenas luminárias de mesas e também para iluminação geral em tetos, formando pequenos pontos luminosos que produzem o efeito céu estrelado.

Existem em várias potências, mas as mais utilizadas são as 12V x 20W, 12V x 35W e 12V x 50W que originam, entre outras, as Halospot AR 111 e as dicroicas que serão apresentadas neste capítulo. Com o advento das lâmpadas dicroicas no início da década de 1990, as halógenas bipino ficaram quase esquecidas, mas a partir de 1994, quando começaram a chegar as luminárias importadas da Europa e principalmente da Itália, elas voltaram, à cena. Hoje existem várias arandelas, pendentes e luminárias de mesa que utilizam essas pequenas e eficientes lâmpadas, as halógenas bipino.

Sendo de dimensões reduzidas, explodiam com facilidade em função da grande pressão dentro do bulbo. Esse problema foi solucionado nas marcas de primeira linha com o desenvolvimento da tecnologia "Starlite", que reduziu drasticamente a pressão dentro do bulbo, eliminando os riscos de acidentes. É importante, portanto, sempre verificar se as pequenas lâmpadas halógenas bipino são fabricadas com esse processo especial, ou seja, se funcionam em baixa pressão.

Essas lâmpadas estão presentes em vários modelos, como dicroicas, Halospot AR 111, AR 70, Halopar 20, Halopar 30 entre outras.

Halógenas Eco

Mesma luz, com menos consumo.

Acompanhando os modelos tradicionais de halógenas, foi criado um tipo de lâmpada com economia de energia por meio de um processo em que uma película é colocada no bulbo da lâmpada de modo a impedir que uma boa parte do calor desprendido no sistema saia para fora da lâmpada e seja reconduzido para o filamento, obtendo-se, assim, dois efeitos: maior rendimento luminoso, em face de termos mais calor no filamento – o que gera mais luz – e menos calor no ambiente, em razão desse filtro que limita a saída da energia térmica do produto.

Uma **bipino de 35W-Eco** substitui uma lâmpada de **50W** tradicional, com economia de energia em torno de 30%.

Esse conceito de economia já é utilizado na maioria das lâmpadas halógenas disponíveis no mercado; sempre com a mesma quantidade de luz e menor consumo energético, sem necessidade de adaptações. Simplesmente tira-se uma de 50W e coloca-se uma de 35W sem que ocorra perda de luminosidade, ou seja, economiza-se energia mantendo a luz do ambiente inalterada.

Esse conceito é aplicado em quase toda a linha de lâmpadas halógenas, ou seja, nas dicroicas AR 70, AR 111 entre outras.

Dicroicas standard

Mais luz e menos calor.

O que se chama de lâmpada dicroica, na realidade não é uma lâmpada, mas sim um conjunto de lâmpada e luminária. É uma lâmpada bipino, nossa conhecida do tópico anterior, acoplada a um pequeno aparelho com espelho multifacetado, chamado refletor dicroico. Dicroica é a característica do espelho que desvia para trás 2/3 do calor gerado pela lâmpada, projetando para frente 100% da luz e apenas 1/3 do calor.

Como não pretendo mudar o pensamento da maioria, chamaremos esse conjunto dicroico formado por uma lâmpada bipino e refletor dicroico de lâmpada dicroica, sem nenhum preconceito.

Essas dicroicas se transformaram em uma verdadeira coqueluche no início da década de 1990. Passou-se a utilizá-las para qualquer tipo de iluminação, desde vitrines, para onde eram indicadas, passando por iluminação de destaques de peças como quadros e esculturas, chegando até a serem utilizadas em iluminação geral dos mais diversos ambientes. As dicróicas podem ser utilizadas para iluminação geral de ambientes, embora não seja o mais correto. Nesse caso, é preciso utilizar as que tenham um maior ângulo de abertura de luz, como 38º. Também é importante levar em consideração que são lâmpadas incandescentes halógenas e, assim sendo, irradiam uma elevada carga térmica, o que se torna um problema em grandes instalações.

Há que se ter em mente que as dicroicas deveriam ser usadas preferencialmente como iluminação de destaque, mas que por costume e imitação, passaram a ser utilizadas na iluminação geral, também, como de resto acontece com muitas outras lâmpadas refletoras.

A facilidade em se utilizar refletoras em ambientação comercial, como iluminação geral mesmo, começou com as dicroicas e se espalhou por outros tipos de lâmpadas refletoras.

Atualmente a maioria das lojas é iluminada desta forma, fazendo com as lâmpadas refletoras tipo PAR se tornassem as estrelas das lojas.

Há um dito popular que diz que "contra fatos não há argumento" e, parafraseando esse ditado, digo que contra a boa utilização não há argumento.

Dicroicas – Titan

A dicroica dos profissionais.

As lâmpadas Titan são um tipo especial de dicroica, pois além das virtudes da *standard*, como o desvio de 2/3 do calor para trás do refletor, têm outras características importantes: o espelho é tratado com titânio, o que o torna mais resistente e tem uma lente frontal que protege o sistema contra a sujeira que, ao se acumular na parte interna, vai queimando com o calor da lâmpada e eliminando a capacidade de reflexão do espelho, fazendo que, com o tempo, cada lâmpada fique de uma tonalidade de cor.

Quando se instalam numa vitrine 30 dicroicas normais – *standard*, algum tempo depois não haverá nenhuma com a cor original, em razão desse problema de deterioração do espelho.

No mesmo sistema, colocando-se 30 dicroicas com espelho de titânio, elas se mantêm com a mesma tonalidade de cor até o fim de sua vida útil. Ao contrário das dicroicas normais cuja vida útil é de 2.000 horas, as dicróicas com espelho de titânio duram até 4.000 horas. Costuma-se dizer que a Titan é a dicroica dos profissionais, dos especialistas (Quadro 4.2 e Figura 4.2).

Todas as dicroicas passaram a ter lente frontal, o que melhora a sua *performance*, mas a Titan continua como *top* de linha, pelo revestimento de seu espelho feito com titânio.

QUADRO 4.2 Características da lâmpada Decostar® Titan

CARACTERÍSTICAS
▪ Tensão de operação: 12V
▪ Refletor mais resistente
▪ Lente frontal protetora
▪ Ângulo de abertura: 10°, 38°, 60°
▪ Versões: 20W, 50W
▪ Vida útil: até 4.000h

FIGURA 4.2
Decostar® Titan, a lâmpada dicroica profissional

Halospot com refletor de alumínio

O efeito e a arte da luz.

Como no caso das dicroicas, elas também ganharam no mercado o apelido de lâmpadas, quando na realidade são lâmpadas bipino acopladas a um refletor de alumínio com excelente definição de foco. A precisão na definição do foco é possível graças a uma capa antiofuscante na ponta da lâmpada, com o mesmo princípio de funcionamento do farol de automóvel, em que o controle da luz pode ser feito com precisão.

As principais são as lâmpadas AR 70 e AR 111. Com menos utilização, a AR 48. Do inglês *aluminium reflector*, AR significa refletor de alumínio.

Como esse tipo de "lâmpada" é disponibilizado com foco bem fechado, como a de quatro graus, é excelente para iluminação de destaque a longa distância, fazendo com que se consiga um efeito que é cada vez mais desejado em iluminação: aparece a luz e seu efeito, mas não aparece a lâmpada.

Atualmente, é quase impossível olhar um projeto de iluminação residencial ou comercial que não utilize em algum ponto AR 70 ou AR 111.

Numa vitrine, por exemplo, faz-se uma iluminação geral (chapada) e projeta-se de longe um facho de luz mais quente e definida, com uma lâmpada AR, gerando um efeito de profundidade e contraste de muito bom gosto.

Elas também são utilizadas para destacar objetos de arte, pequenos móveis, vasos, marcação de caminhos e de espaços, pois além de todas as suas características de iluminação de destaque e beleza, têm uma vantagem especial: ao ficar longe do objeto a ser iluminado e destacado, o efeito do infravermelho, que é o calor propriamente dito, praticamente não chega ao objeto, evitando, assim, o tão temido desbotamento ou deterioração da peça.

Na aplicação de uma halógena AR, é fundamental considerar a distância do objeto a ser iluminado, pois como todo o calor é dirigido para frente juntamente com a luz, é contra-indicada para iluminação a pequena distância. Sabe-se de caso em que o projetista colocou uma bateria de AR 111 – halógena – a um metro e meio de distância das roupas que estavam sendo iluminadas na loja. Claro que os tecidos ficaram rapidamente desbotados em focos definidos pela própria lâmpada. Quando soube, falei em tom de brincadeira, que havia sido inventada a estamparia por luz em tecidos.

Em iluminação, como em tudo na vida, há que se ter bom senso na aplicação dos recursos.

Um bom exemplo de lâmpadas halógenas refletoras – tanto AR 111, como AR 70 – bem utilizadas é de alguns restaurantes e bares que colocam as lâmpadas/luminárias no teto focalizando as mesas uma a uma. Aqueles que não forem muito atentos e não olharem para cima notarão apenas que as mesas estão iluminadas como que magicamente por um facho de luz. Neste caso, está sendo utilizado aquele conceito de aparecer o efeito da luz e não a lâmpada.

Na Figura 4.3 são apresentados exemplos de utilização de lâmpadas Halospot®, também conhecida como AR e no Quadro 4.3, a característica e as aplicações desse tipo de lâmpadas.

FIGURA 4.3 *Exemplos de utilização de lâmpadas tipo AR em 12V. Acima, a iluminação de uma casa noturna; ao lado, as lâmpadas são utilizadas para focalizar a mesa.*

QUADRO 4.3 Característica e aplicações das lâmpadas tipo AR

CARACTERÍSTICA	APLICAÇÃO
▪ Fachos de luz bem-definidos que permitem destaque do ambiente	Perfeitas para iluminação de efeito, a médias e longas distâncias, em ambientes residenciais e comerciais. Ideais para acentuar ambientes e destacar objetos

Atualmente, as lâmpadas AR metálicas de tubo cerâmico invadiram definitivamente o mercado nessas aplicações, mas as lâmpadas AR halógenas têm uma característica que falta nas metálicas: a possibilidade/facilidade de *dimerização*.

As moderníssimas lâmpadas AR de LEDs resolvem o problema da ***dimerização*** também, além das outras vantagens inerentes à tecnologia LED. Além disso, quando for implementada a Certificação Compulsória, indicando ao consumidor qual o produto de LED é realmente confiável, tanto na quantidade de luz, como na vida útil, tanto as halógenas como as metálicas AR perderão mercado.

LÂMPADAS HALÓGENAS EM TENSÃO DE REDE

A eficiência facilitada.

Até agora, foram apresentadas as lâmpadas halógenas de baixa tensão, ou seja, aquelas que necessitam de um transformador para serem ligadas, pois funcionam em 12V. Passaremos a falar agora sobre as lâmpadas que não necessitam de equipamento auxiliar, sendo ligadas diretamente na corrente elétrica, em 127V ou 220V.

Lapiseiras

A história escrita com luz.

Estas lâmpadas, também conhecidas como lâmpadas palitos, têm contatos bilaterais e funcionam em 127V ou 220V (Quadro 4.4 e Figura 4.4.

QUADRO 4.4 Características, aplicações e potências das lâmpadas halógenas em 127V ou 220V.

CARACTERÍSTICAS	APLICAÇÃO	POTÊNCIAS
▪ Conhecidas como "lapiseira" ou "palito" ▪ Luz clara e brilhante ▪ Durabilidade de 2.000h	▪ luminação decorativa e difusa, em ambientes residenciais ou comerciais ▪ Iluminação de fachadas, jardins, estátuas, objetos de decoração, lojas e vitrinas ▪ Iluminação indireta (em arandelas e colunas)	▪ 100, 150, 300 e 500W - funcionam em qualquer posição ▪ 1000W - funcionam em ± 15°

Muito utilizadas para iluminação de fachadas, também como *frontlight* em pequenos painéis e iluminação de jardins, as lâmpadas lapiseiras até bem pouco tempo eram muito usadas na iluminação de vitrines, sendo rapidamente substituídas por dicroicas que diminuiam o efeito do calor sobre os tecidos. Mais recentemente, foram substituídas por lâmpadas de multivapores metálicos de baixa potência, sobre as quais falaremos mais adiante, em capítulo específico.

Uma grande utilização das lâmpadas halógenas lapiseiras é para produzir o chamado "banho de luz" em determinada parede – *wall washer* – destacando-a em sua totalidade.

FIGURA 4.4 *Exemplo de projeto de iluminação residencial utilizando lâmpadas do tipo lapiseiras.*

Existem outras utilizações como iluminação indireta em arandelas e também para destaques de grandes objetos.

Nunca é demais lembrar que as lapiseiras são lâmpadas incandescentes halógenas e que emitem bastante calor. É preciso, portanto, ter cuidado para não aproximá-las dos objetos a serem iluminados.

Como não poderia deixar de ser, as HQI®-TS – metálicas de baixa potência – citadas rapidamente anteriormente, substituem com vantagem essas lapiseiras em muitas de suas aplicações.

Halopar

A versatilidade em vidro duro.

Com refletor parabólico de alumínio, as Halopar são lâmpadas PAR (do inglês, *parabolic aluminium reflector*) cuja fonte de luz é uma lâmpada halógena. Como no caso das dicroicas, há aqui também uma combinação de um refletor com uma lâmpada halógena, normalmente conhecida como lâmpada. No caso da Halopar, entende-se então que é um conjunto PAR com uma lâmpada halógena.

As lâmpadas PAR não halógenas têm durabilidade igual à das incandescentes normais: aproximadamente mil horas. A Halopar dura cerca de 2.000 horas, por ter uma lâmpada halógena incorporada em seu sistema, com todas as vantagens já descritas, como o ciclo do halogênio, temperatura de cor mais alta etc.

As Halopar, por sua versatilidade, são largamente utilizadas nas modernas iluminações. Tendo uma rosca normal, encaixam em qualquer soquete E-27. Em razão disso, substituíram as antigas refletoras incandescentes tipo R63 ou Mini-Spot, R75 e R80.

Como sua construção externa é feita com vidro duro, resistem bem a respingos de chuvas e, em alguns modelos, podem ser colocadas diretamente ao tempo, resistindo à chuva. Neste caso, deve-se ter o cuidado de isolar o soquete para se evitar um curto-circuito pelo contato com a umidade. As luminárias de jardim tipo espeto em geral já vem com uma proteção de borracha para esse fim.

É fundamental, portanto, ler os catálogos das fábricas, pois em alguns modelos, especialmente em 220V, a Halopar resiste a respingos mas não é indicada para uso onde esteja exposta à chuva torrencial. Neste caso, deve estar dentro de uma luminária fechada hermeticamente.

Sua grande versatilidade para uso interno e até externo torna-a uma excelente opção para os projetos de iluminação em que se deseja uma lâmpada refletora de alto rendimento, boa durabilidade, luz de cor agradável e, principalmente, facílima instalação, diretamente no soquete de uma lâmpada normal. As lâmpadas Halopar são excelentes opções para substituir dicroicas e refletoras incandescentes (Quadro 4.5 e Figura 4.5).

QUADRO 4.5 Características e aplicações das lâmpadas halógenas Halopar® em 120 ou 220V.

CARACTERÍSTICAS	APLICAÇÃO
▪ Substituem as incandescentes refletoras com mais luz ▪ Economia de energia de até 40% ▪ Maior durabilidade	Áreas internas ou externas em que se deseja iluminação dirigida e de destaque (ambientes residenciais, hotéis, lojas, vitrinas, museus, galerias, paisagismo, fachadas etc.)

FIGURA 4.5 *Na esquerda, exemplo de projeto de iluminação de jardim utilizando lâmpadas halógenas Halopar. Na direita, [illegible] modelos da marca Osram®.*

Dicroicas em tensão de rede

As falsas não valem o risco.

Nos últimos tempos houveram muitas tentativas de se disponibilizar para o mercado lâmpadas dicroicas para serem utilizadas diretamente em rede de 127V ou 220V, sem o transformador. Na realidade, as tentativas foram frustradas, pois resultaram em adaptações grotescas de dicroicas comuns, com pinos de conexão normais, que acabaram oferecendo grande risco ao consumidor. Os pinos normais das dicroicas são delgados, próprios para baixa tensão – 12V – e quando utilizados em tensão normal geram acidentes domésticos por superaquecimento e curto-circuito entre outros perigos (Quadro 4.6).

QUADRO 4.6 Características e aplicações das lâmpadas halógenas com soquete tipo Gz10 em 127 ou 220V.

CARACTERÍSTICAS	APLICAÇÃO
▪ Conhecidas como "dicroica tensão de rede" ▪ Base especialmente desenvolvida para suportar a tensão de 127/230V e também altas temperaturas ▪ Demais características iguais à Decostar® ▪ Disponível em 127 e 220V: Halopar® 16Gz10 50W/40°	Qualquer tipo de iluminação dirigida, destacando-se nas aplicações residenciais devido à simplicidade na sua ligação. Podem ser utilizadas na grande maioria das luminárias já existentes (embutidos ou spots), necessitando apenas a utilização do soquete tipo Gz10

Existe no mercado um tipo de lâmpada com características de uma dicroica, que pode ser usada na tensão normal, sem transformador: é a Halopar 16. Essa lâmpada apresenta algumas diferenças se comparadas às tentativas tratadas no parágrafo anterior. Seus pinos são reforçados e com engates, conectados a um soquete de porcelana, eliminando as possibilidades de acidentes elétricos. Tem o nome de Halopar 16 para evitar que sejam confundidas com essas dicroicas "adaptadas". A Halopar 16 usa um soquete tipo Gz10 ou GU10 de porcelana (Figura 4.6).

FIGURA 4.6 *Exemplo de projeto de iluminação de destaque utilizando lâmpadas halógenas com soquetes do tipo Gz10.*

Recentemente, as lâmpadas dicróicas em tensão de rede com pinos delgados foram proibidas no Brasil, deixando o consumidor mais tranquilo ao comprar as lâmpadas.

Halopin

Bipino em tensão de rede.

Com Bulbo UV Stop e vida útil de até 2.000h, são lâmpadas especialmente desenvolvidas para operarem diretamente na tensão normal 127V/220V, sem necessidade de transformador.

Por serem bem pequenas, substituem com grandes vantagens as incandescentes comuns de 25W, 40W e 60W (Quadro 4.7).

Existem lâmpadas bipinos, com pinos delgados, são chamadas de "Diretas", que seriam indicadas para ligação na rede, sem necessidade de transformador. É preciso ter muito cuidado, pois lâmpadas com pinos comuns – finos e retos – precisam, sim, de transformador por funcionarem em 12V. É por esse motivo que as lâmpadas Halopin têm pinos bem diferentes das normais, justamente para que não haja confusão e acidentes na instalação do produto.

QUADRO 4.7 Características da Halopin®, lâmpada halógena para tensão de rede da Osram®, é a menor halógena em tensão de rede do mundo.

CARACTERÍSTICAS	
▪ Instalação em tensão de rede ▪ Versões: 25W, 40W e 60W ▪ Tensões: 120V e 220V ▪ Vida útil: até 2.000h ▪ Bulbo UV STOP	

Importante: Lâmpadas são produtos elétricos e podem oferecer riscos de acidentes. Deve-se, portanto, ter o cuidado de não abrir mão da qualidade. Como dizia um antigo comercial quando eu era criança: "Qualidade não é luxo, é até economia".

LÂMPADAS DE DESCARGA A BAIXA PRESSÃO

FLUORESCENTES

De inimiga da visão ao conforto visual.

São lâmpadas muito antigas em seus primeiros modelos que foram com o tempo evoluindo. Como é uma fonte de luz muito econômica, por ser uma lâmpada de descarga, passou-se a pesquisar e desenvolver modelos mais modernos, com maior economia e, principalmente, conseguindo-se uma emissão de luz capaz de proporcionar melhor reprodução de cores. Como se sabe, as antigas e até hoje usadas fluorescentes de 20W e 40W, cujo bulbo é pintado com pó *standard*, reproduzem deficientemente as cores, ou seja, seu IRC é menor do que 70. Essa reprodução deficiente de cor faz com que as pessoas fiquem com aparência pálida. Tanto é assim, que quando se troca uma iluminação fluorescente antiga por modernas fluorescentes com IRC de 85, tende-se a entranhar as cores do ambiente. Alguns chegam a dizer que a lâmpada faz mal à saúde, pois as pessoas ficam avermelhadas. Na verdade, o que ocorre é que nos acostumamos a enxergar as pessoas sob uma luz que reproduz mal as cores, deixando-as pálidas e quando passamos a enxergá-las com suas cores naturais, estranhamos.

Fluorescentes tubulares

No passado eram chamadas de fosforescentes.

As antigas fluorescentes tinham um bulbo chamado de T12. Na década de 1980 evoluíram para um bulbo mais fino, o T10. Em seguida surgiram as modernas fluorescentes tubulares tipo T8 e hoje, no Brasil, estão sendo comercializadas as tubulares T5.

T12, T10, T8 e T5 são referências da bitola do bulbo em relação à polegada, ou seja, variam de 12/8 de uma polegada até 5/8 de uma polegada.

Desta forma, viu-se a evolução dos tubos fluorescentes, naquela tendência de diminuir o tamanho da fonte de luz, fazendo com que apareça seu efeito – luz – e não a lâmpada e a luminária.

Atualmente, é impensável uma nova instalação com lâmpadas fluorescentes tubulares de 20 e 40W, as quais, em geral, utilizam na pintura de seu bulbo pó fluorescente comum, resultando numa luz de baixo rendimento e deficiente reprodução de cores, com IRC máximo de 70.

Em seu lugar, as novas instalações devem contemplar as fluorescentes T8, pois nessa bitola existem boas alternativas de potências, que podem variar entre 32W e 36W para substituir as de 40W, assim como as de 16W e 18W para o lugar das de 20W. Em projetos mais modernos, nos quais se deseja sintetizar a eficiência luminosa com um sistema compacto e de maior durabilidade, a opção será pela lâmpada T5, feita em todas as suas versões com pó trifósforo, resultando numa excelente reprodução de cores.

No caso das T8, existem versões mais econômicas que não utilizam pó trifósforo, obtendo-se, assim, uma instalação mais moderna em seu visual, econômica em comparação com as tradicionais 20W e 40W, mas deficientes quando comparadas às que usam essa tecnologia de pintura e são conhecidas como cor 840, Super 84, Designer 4000. Como especialistas que seremos a partir deste livro, sabemos que essas são lâmpadas com temperatura de cor de 4.000K e IRC acima de 80. Os nomes variam, mas as características são essas, e o que deve ficar claro é que não se admite mais a elaboração de novos projetos de iluminação com lâmpadas antigas.

Fluorescentes T12 e T10

Diminuindo tubos e aumentando a eficiência.

As fluorescentes T12 e T10, em geral, utilizam pó *standard* em sua pintura, resultando em baixo rendimento luminoso quando comparadas às pintadas com trifósforo.

Quando comparadas às lâmpadas incandescentes, observa-se uma boa economia de energia, em torno de 75%.

Elas não são recomendadas para novas instalações em razão do seu baixo IRC e por existirem fluorescentes mais modernas e eficientes.

Fluorescentes T8

As finas que satisfazem com muita luz.

Modernas em seu formato, as fluorescente T8 são revestidas com pó trifósforo, resultando numa ótima reprodução de cores, com IRC em torno de 85.

Com projeto de origem norte-americana, atualmente são encontrados no mercado os modelos de 16W e 32W que utilizam reatores eletromagnéticos de partida rápida ou reatores eletrônicos para seu acendimento.

A versão de origem europeia é a de 18W e a de 36W, que acende com reator eletromagnético convencional com *starter* ou reator eletrônico. Este tipo de lâmpada é mais eficiente que a de origem norte-americana, porém, em seu lançamento no Brasil, sofreu restrições por utilizar *starter*, que provoca aquelas duas piscadas antes de acender a lâmpada. Na verdade, a utilização de reator e *starter* faz com que a lâmpada fique mais econômica e dure mais.

Atualmente, com a incorporação da eletrônica na iluminação, essa polêmica acabou e os dois tipos de lâmpadas utilizam reatores eletrônicos específicos. Na maioria dos ambientes que utilizam as fluorescentes de bulbo T8, a opção tem sido pela utilização das lâmpadas de 16W e 32W (Quadro 4.8).

QUADRO 4.8 Características das lâmpadas fluorescentes T8

CARACTERÍSTICAS	
▪ Pó trifósforo no bulbo ▪ Alta eficiência energética ▪ Versões: 16W, 18W, 32W, 36W e 58W ▪ Vida útil: 7.500h ▪ Economia de energia em torno de 10% e mais eficiência que as fluorescentes comuns	
APLICAÇÕES	
▪ Em instalações residenciais, comerciais ou industriais	

Fluorescentes T5

Evolução e arte em 16mm.

Como mencionado anteriormente, as fluorescentes T5 são extremamente compactas e eficientes. Com bulbo de apenas 5/8 de uma polegada, praticamente desaparecem no sistema, aparecendo somente o efeito de sua luz (Quadro 4.9). Todos os modelos existentes no mercado são com IRC mínimo de 85, tornando o ambiente agradável e harmônico pela diminuição drástica no tamanho das luminárias.

QUADRO 4.9 Características das fluorescentes tubulares T5, o sistema mais eficiente de iluminação fluorescente

CARACTERÍSTICAS

- Eficiência 40% maior quando comparada com o sistema T10/T12 e 20% em relação à T8 (104 lm/W)
- Diâmetro de apenas 16 mm
- 50 mm mais curta, permitindo a utilização em modulações de 60 ou 120 cm
- Triplo da vida útil (até 25.000 horas)

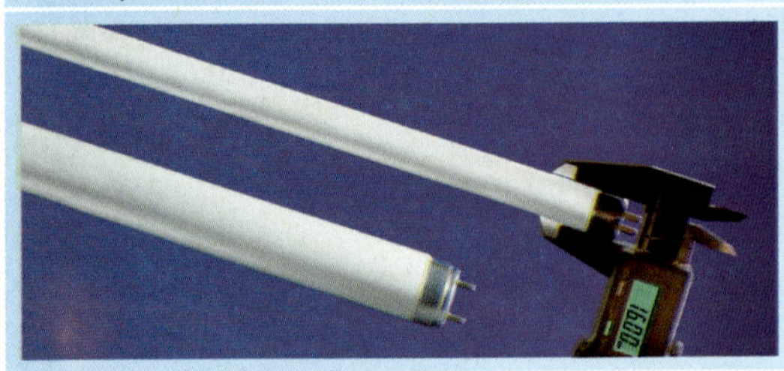

Uma vantagem adicional desse tipo de lâmpadas é a vida útil que chega a 25.000 horas, ou seja, dura mais do que o triplo do tempo que as fluorescentes T12, T10 e T8.

O seu custo inicial é bem mais alto do que as tradicionais, mas é um custo que se torna totalmente amortizado com o passar do tempo pela sua eficiência, durabilidade e compacta beleza.

Modernos hipermercados passaram a optar pelos modelos T5 em sua iluminação geral, em razão da excelente quantidade de luz que elas produzem, especialmente as de 54W ou 80W.

Na realidade atual, as fluorescentes T5 em potências mais altas – 54W e 80W – passaram a ser opções preferenciais em ambiente com tetos mais elevados, substituindo as antigas fluorescentes tipo HO de 110W que são muito grandes, desajeitadas e sem a tecnologia que as T5 possuem que se traduz em maior durabilidade e eficiência luminosa.

Fluorescentes compactas

Uma pequena história de muito sucesso.

Provocando uma evolução na economia de energia (Quadro 4.10), as fluorescentes compactas vieram para sintetizar o conceito de miniaturização da fonte de luz nas fluorescentes. São vários os tipos, para vários usos, mas sempre com sua marca principal: a economia de energia.

QUADRO 4.10 Vantagens das fluorescentes da linha Dulux® da Osram® sobre as incandescentes

VANTAGENS	
▪ Economia de 80% de energia ▪ Durabilidade: pelo menos oito vezes maior ▪ Design moderno, leve e compacto ▪ Aquece menos o ambiente ▪ Excelente reprodução de cores (utiliza pó trifósforo Lumilux® ▪ Duas tonalidades de cor proporciona adequação aos ambientes	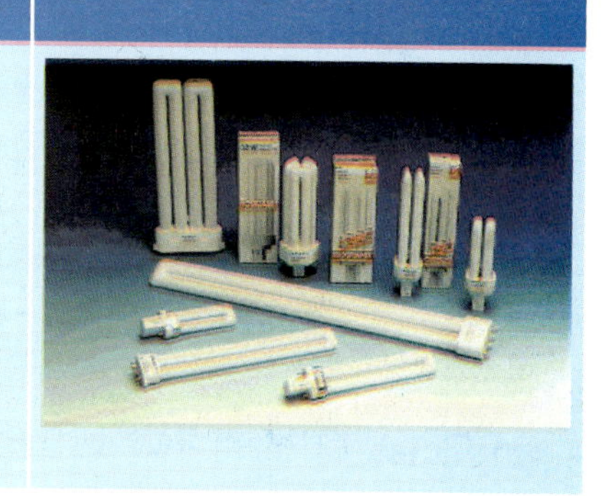

A linha de fluorescentes compactas, também conhecidas com Dulux, PL, Biax, entre outras, representaram para o Brasil o primeiro passo para a modernização da iluminação e seus sistemas.

A primeira lâmpada econômica lançada em nosso País foi a Dulux S, uma fluorescente compacta de 9W lançada para substituir as tradicionais incandescentes comuns de 60W.

O lançamento desse produto tem uma história digna de registro nos anais de *marketing*.

A Osram® do Brasil montava uma linha de produção e, quando estava praticamente pronta, importou um lote de Dulux S 9W para oferecer ao mercado. A sua maior concorrente, não se sabe bem como, descobriu essa ação e imediatamente lançou a sua lâmpada de mesmas características denominada PL 9W. A Philips® do Brasil , que ainda não tinha a lâmpada em seu estoque, apressou-se, fez vários coquetéis de lançamentos nas principais capitais brasileiras, mesmo sem ter a lâmpada para entregar e conseguiu vincular, pelo ineditismo na época, a sua marca PL como uma espécie de sinônimo de fluorescente compacta. Tanto é assim que a Osram® liderou o mercado de fluorescentes compactas de forma incontestável até a "invasão chinesa" que aconteceu a partir de 2001, mas na hora de pedir o produto, os clientes perguntavam: tem lâmpada PL?

Aliás, mesmo hoje, quando a variedade de marcas torna difícil saber quem lidera o mercado, a referência básica continua sendo PL.

A fluorescente compacta de 9W teve uma aceitação apenas razoável, pois era um pouco comprida e desajeitada quando colocada em pendentes e, por seu tamanho, não servia em alguns tipos de luminárias.

Na sequência, buscando a redução de seu tamanho, foi lançada a fluorescente compacta dupla de 9W que, na prática, foi como dobrar o tubo da compacta simples, compactando-a ainda mais.

Depois disso, a evolução e os lançamentos não pararam mais, conforme se verá nos itens seguintes.

Compactas D de 18W e 26W

Mais luz e menos tamanho.

Criadas para oferecer maior quantidade de luz por ponto, as compactas D de 18W e 26W são muito utilizadas até hoje, pois, colocadas em luminárias cilíndricas – em geral, de duas em duas – formam um bom pacote de luz, capaz de oferecer uma ótima iluminação geral para grandes áreas, como é o caso de lojas, *shopping centers* e corredores. Como elas têm ótima reprodução de cores, prestam-se muito bem para iluminar esses ambientes (Quadro 4.11 e Figura 4.7).

Para seu acendimento, utilizam reatores eletromagnéticos separadamente, feitos especialmente para elas.

Essas lâmpadas possuem **dois pinos** para conexão ao soquete e um *starter* incorporado na base, sendo **proibida** a utilização de reatores eletrônicos em sua instalação. A utilização de reatores eletrônicos nesses modelos de lâmpadas de dois pinos provoca a queima precoce, pois o *starter* incorporado à sua base somado ao reator eletrônico que por si só já é um *starter*, torna impraticável o funcionamento normal do sistema.

Eis, portanto, uma expressão que será muito repetida: "Acende, mas não funciona", pois reduzirá drasticamente a vida útil da lâmpada.

QUADRO 4.11 Características, aplicações e equivalência das lâmpadas fluorescentes compactas Dulux® D e Dulux® D/E (corrente contínua)

CARACTERÍSTICAS	
▪ Mesmo tamanho que a Dulux® S, mas com o dobro do fluxo luminoso ▪ Versões: 9W, 18W e 26W ▪ Linha D/E para utilização com reator eletrônico, permitindo a *dimerização* ▪ Disponíveis em duas tonalidades de cor ▪ Vida útil: 10.000h ▪ Necessitam de reator	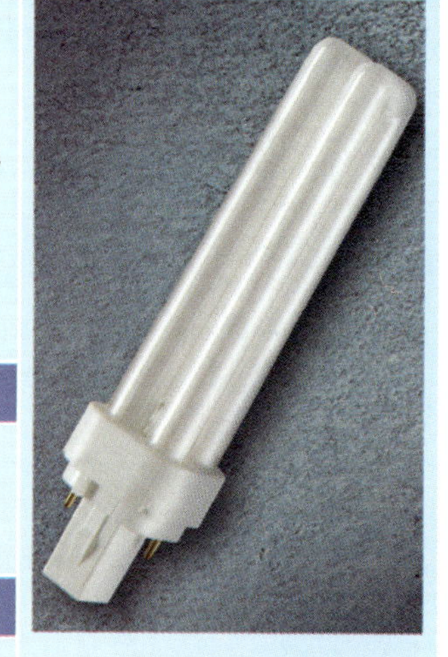
APLICAÇÕES	
▪ Ideal para pequenas luminárias, downlights, em áreas com necessidade de elevados níveis de iluminância	
EQUIVALÊNCIA	
▪ 9W = 60W ▪ 18W = 100W ▪ 26W = 2 x 75W	

FIGURA 4.7
Exemplo de projeto de iluminação de ambiente comercial utilizando fluorescentes compactas.

Compactas triplas

Eficiência triplicada.

Buscando diminuir cada vez mais o tamanho da fonte de luz, desenvolveu-se a fluorescente compacta tripla que funciona de forma semelhante à compacta dupla, existindo, porém, em potências maiores – uma compacta tripla de 32W pode substituir duas duplas de 18W com a vantagem de se obter grande fluxo luminoso com luminária menor (Quadro 4.12 e Figura 4.8).

QUADRO 4.12 Características, aplicações e equivalência das lâmpadas fluorescentes compactas triplas Dulux® T e Dulux® T/E (corrente contínua)

CARACTERÍSTICAS	
▪ 2/3 do tamanho da Dulux® D de mesma potência ▪ Versões: 18W e 26W / 32W e 42W ▪ Linha T/E para utilização com reator eletrônico, permitindo a *dimerização* ▪ Disponíveis em duas tonalidades de cor ▪ Vida útil: 10.000h ▪ Necessitam de reator	
APLICAÇÕES	
▪ Ideal para pequenas luminárias, downlights, em áreas com necessidade de elevados níveis de iluminância	
EQUIVALÊNCIA	
▪ 18W = 100W ▪ 26W = 2 x 75W ▪ 32W = 2 x 100W ▪ 42W = 2 x 150W	

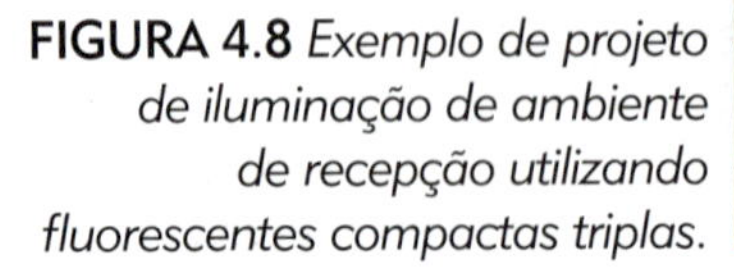

FIGURA 4.8 *Exemplo de projeto de iluminação de ambiente de recepção utilizando fluorescentes compactas triplas.*

Compactas D/E e T/E

Compactas para reatores eletrônicos.

Semelhantes na forma em relação às lâmpadas compactas D e compactas triplas citadas anteriormente, as lâmpadas compactas D/E e T/E diferenciam-se por possuírem em sua base quatro pinos para fixação ao soquete, o que requer a utilização de reatores eletrônicos específicos para seu funcionamento.

Ao contrário das compactas de dois pinos que não podem utilizar reatores eletrônicos para seu funcionamento, essas compactas D/E e T/E de quatro pinos funcionam apenas com reatores eletrônicos.

Resumindo, fluorescentes compactas de dois pinos usam reatores eletromagnéticos e fluorescentes compactas de quatro pinos utilizam reatores eletrônicos. Os quatro pinos possibilitam, também, a utilização, em corrente contínua.

Quando falo sobre esse aspecto nas palestras, é comum projetistas e aplicadores experientes ficarem surpresos, dizendo que já fizeram muitas instalações e que as lâmpadas de dois pinos acenderam normalmente com reatores eletrônicos. Neste momento reafirmo aquela expressão emblemática: "acende, mas não funciona". Na realidade, não existe culpa alguma que possa ser atribuída a esses profissionais pois, como já escrevi no início do livro, sendo iluminação artificial um tema novo, muitas informações não chegam ou não chegavam àqueles profissionais que utilizam os produtos. Muitos outros modelos de lâmpadas compactas do tipo convencional que utilizam reatores separados foram lançadas no mercado. Alguns foram lançados e descontinuados por falta de aceitação real do mercado e outras continuam até hoje sendo opções de luz econômica e funcional para os mais diferentes ambientes. Cada fabricante-importador com seus modelos próprios.

O sistema de lâmpada com reator separado, que podemos chamar de convencional, é uma opção mais profissional, mas como as eletrônicas, com reator incorporado, se tornaram muito baratas, os fabricantes passaram a fazer suas luminárias com rosca E-27 e, com isso distorceram a aplicação profissional desse tipo de lâmpada econômica.

Compactas eletrônicas

A verdadeira economia doméstica.

As compactas eletrônicas são lâmpadas de utilização predominantemente residencial, por possuírem um reator eletrônico incorporado, com uma base de rosca igual a das lâmpadas incandescentes comuns. Em geral são triplas (3Us), ou seja, possuem três tubos distribuídos simetricamente, mas existem algumas com dois tubos (2Us), principalmente em potências mais baixas e até com quatro tubos, também conhecidas como 4Us, para potências mais altas (Quadro 4.13 e Figura 4.9).

QUADRO 4.13 Característica e equivalência das lâmpadas fluorescentes compactas com reator eletrônicas Dulux® EL com reator eletrônico já incorporado

CARACTERÍSTICA	
▪ Substitui de forma rápida e fácil as lâmpadas incandescentes por possuirem reatores eletrônicos incorporados na base de rosca E27 (acendimento imediato)	
EQUIVALÊNCIA	
▪ 15W = 75W ▪ 20W = 100W ▪ 23W = 120W	

FIGURA 4.9 *Exemplo de projeto de iluminação de ambiente residencial (quarto) utilizando lâmpadas compactas eletrônicas.*

Após a ameaça de "apagão" por parte do Governo Federal do Brasil, elas se transformaram em uma espécie de símbolo da economia de energia, porém, há de se ter alguns cuidados em sua utilização para que elas representem uma real economia energética.

Primeiro, devemos observar atentamente as características de funcionamento da lâmpada impressas na embalagem. Deverão estar descritas algumas informações como: fator de potência (normalmente de 0,5); quantas lâmpadas incandescentes ela equivale em vida média; proibição de serem utilizadas em *dimmers* ou minuterias; rendimento luminoso entre outras.

A seguir, esclarecimentos sobre alguns desses dados:

- Num condomínio que utiliza nas escadarias o sistema de minuteiras, a lâmpada eletrônica queimará em pouco tempo, pois a vida média de uma lâmpada fluorescente é dada para oito acendimentos diários. Quanto mais vezes ela for ligada e desligada, mas rapidamente queimará. Outro problema comum é que, sendo uma lâmpada de descarga, só terá seu fluxo luminoso total em cerca de três minutos, o que nunca ocorrerá nesse sistema. Para esses casos, bem como para utilização com sensores de presença, essas lâmpadas eletrônicas não são recomendadas.
- O ideal para sistemas que fazem muitos acendimentos diários, o mais econômico, é a utilização de lâmpadas de filamentos e mais modernamente lâmpadas de LEDs.
- Para grandes instalações comerciais ou mesmo industriais não é recomendada a utilização de lâmpadas compactas eletrônicas. Elas, definitivamente, são lâmpadas para uso residencial ou em instalações comerciais de pequeno porte. Quando for o caso de instalações comerciais de maior porte, recomenda-se a utilização de compactas D ou T que utilizam reatores separados, pois, além de ser uma solução tecnicamente mais viável, pela possibilidade de correção do fator de potência, tem-se a vantagem de poder trocar lâmpada ou reator quando queimam, tornando a manutenção mais econômica.

Como mencionado no capítulo anterior, ualmente mais de 90%

das luminárias são fabricadas com soquete E-27 e, mesmo em grandes instalações, elas passaram a ser utilizadas. Isso é um grande erro, pois sem a possibilidade de correção do fator de potência, acontecerá, nesses casos, uma distorção na demanda de energia, complicando o abastecimento normal daquele sistema elétrico. O uso de equipamentos de baixo fator de potência são proibidos em grandes instalações, incluindo, logicamente, os produtos de iluminação.

Importante: Como a norma do Inmetro sobre reatores passou a exigir que as lâmpadas acima de 25W sejam de alto fator de potência (AFP), as compactas eletrônicas – que tem um reator eletrônico incorporado – devem obedecer também essa regra. A partir do segundo semestre de 2013, as lâmpadas eletrônicas de alta potência – acima de 25W – devem, necessariamente terem AFP.

5. Novas técnicas, melhor conforto

CONFORTO E PRODUTIVIDADE

Trabalhar ou relaxar, eis a questão!

Nas palestras e cursos, costumo dizer que, se o que for exposto agora for devidamente entendido, mesmo que outros tópicos não o sejam, me sentirei gratificado e você poderá começar a sentir-se especialista em iluminação. Digo ainda que, se tudo o que coloquei foi bem entendido, mas este conceito não o for, perdemos tempo, pois a compreensão dele é fundamental para que se possa fazer qualquer projeto luminotécnico ou simplesmente iluminar adequadamente nossa casa.

COR FRIA E COR QUENTE

Cor fria

Sempre que o objetivo for iluminar um ambiente de modo que ele induza a produtividade, é preciso optar por temperatura de cor mais alta, ou seja, luz mais branca. A luz branca desperta, estimula e excita (Figura 5.1).

FIGURA 5.1 *Exemplo de ambiente iluminado com cor fria (cor 840 – 4.000K).*

Cor quente

Quando o ambiente a ser iluminado for para deixar as pessoas relaxadas, com conforto, devemos utilizar temperaturas de cor mais baixas, ou seja, luz mais amarelada. A luz amarelada relaxa e acalma (Figura 5.2).

Assim, para que fiquemos bem entendidos no tema, são citados três exemplos definitivos para esclarecer o assunto:

FIGURA 5.2 *Exemplo de ambiente iluminado com cor quente (cor 827 – 2.700K).*

Exemplo 1: restaurantes

Quando o restaurante a ser iluminado for do tipo que serve lanches rápidos, a luz a ser escolhida tem que ser a branca, com alta temperatura de cor. Vejam o exemplo do McDonald's: luz bem branca e paredes com tom de branco azulado. Neste caso, o que o proprietário quer é que peguemos nosso lanche (de preferência, que nem sentemos para comer) e saiamos comendo pelo corredor, uma vez que na fila estão outras pessoas querendo ser atendidas.

Caso colocássemos luz quente – temperatura de cor baixa – no McDonald's, o garotão chegaria com a namorada, pediria um Big Mac e um refrigerante de 300 mL com dois canudos, sentariam e ficariam ali conversando tranquilamente, pois a atmosfera estaria aconchegante e relaxante. Enquanto isso, o pessoal estaria na fila esperando. O resultado seria catastrófico; veríamos finalmente um McDonald's fechar por pouco faturamento.

Por outro lado, no caso de um restaurante da moda, onde a garrafa de vinho tem valor elevado, a luz escolhida deve ser de baixa temperatura de cor, ou seja, de tons amarelados e até avermelhados em casos mais específicos. Tudo que o maitre e o proprietário querem, é que fiquemos algum tempo no local, realizando uma boa despesa. Neste caso, se o ambiente for iluminado com luz branca – alta temperatura de cor – as pessoas ficarão pouco tempo porque não teriam o clima de aconchego que buscam nesse tipo de restaurante.

Exemplo 2: lojas

Quando se ilumina uma loja do tipo pegue-pague, a tonalidade de cor da luz poderá ser branca, pois nesses locais não há a preocupação de reter por muito tempo o cliente dentro do ambiente.

No caso de uma boutique, daquelas em que vendem roupas exclusivas com preços elevados, com certeza a temperatura de cor deverá ser baixa, pois é preciso tornar o ambiente o mais aconchegante e agradável possível, de modo que o vendedor tenha oportunidade de explicar as qualidades da mercadoria; sirva algo para beber, como café, chá, água e consiga tempo suficiente para efetuar a venda.

Veja que se trocarmos as iluminações, levaremos à falência as duas lojas.

Exemplo 3: residências

Para áreas reservadas como dormitórios, estar íntimo e living, a temperatura de cor usada deverá ser baixa, tornando o ambiente relaxante e agradável, portanto, luz amarelada.

Nas áreas de serviço, cozinhas e garagens a temperatura de cor deve ser alta, com muita luz e luz branca para despertar e induzir ao trabalho e à produtividade.

Gosto de citar o exemplo, ao colocar-se de forma errada, temperatura de cor baixa na área de serviço: imagine a empregada passando aquele vestido que a dona da casa mais adora – aquele comprado na boutique do exemplo acima. Em razão do aconchego e do relaxamento induzido pela luz amarelada, dormiria sobre a tábua de passar e queimaria o tão caro vestido.

ENTÃO FIQUEMOS ATENTOS:

- **Luz fria/branca** deve ser utilizada em ambientes de trabalho que requerem produtividade.
- **Luz quente/amarelada** de ser utilizada em ambientes de aconchego e relaxamento.

REVESTIMENTO DAS FLUORESCENTES

As cores básicas fazem a diferença e definem as cores da natureza.

Pó *standard*

Pintura tradicional das lâmpadas fluorescentes, o pó *standard* tem a função de transformar o raio ultravioleta em luz visível, sem grandes preocupações com a reprodução de cores.

Quando se conhecia apenas essa forma de revestimento para as lâmpadas fluorescentes, elas eram menos econômicas e o índice de reprodução de cores (IRC) era baixo, chegando, no máximo, a 70.

Pó trifósforo

Com a descoberta do pó trifósforo, que é a combinação das três cores básicas (RGB) na tinta que reveste as modernas fluorescentes, o IRC passou a evoluir constantemente. No Brasil, atualmente considera-se uma boa lâmpada fluorescente aquelas que têm um IRC acima de 80, em geral é de 85.

Atualmente existem lâmpadas fluorescentes com IRC acima de 90, graças, justamente, ao pó trifósforo.

No Quadro 5.1 são apresentadas as nomenclaturas das fluorescentes tubulares que utilizam pó *standard* e pó trifósforo.

QUADRO 5.1 Nomenclatura das lâmpadas fluorescentes tubulares que utilizam pó standard *e pó trifósforo.*

PÓ *STANDARD*	PÓ TRIFÓSFORO
▪ Cor LDE (5.250K) - 20W, 40W e 110W ▪ Cor Luz do dia (6.100K) - 15W, 18W, 30W, 36W, 58W - circular ▪ Cor 640 - Comfort white (4.100K) - 32W	▪ Cor 840 - Branca neutra (4.000K) - 16W, 18W, 32W, 36W, 58W e 110W ▪ Cor 830 - Branca morna (3.000K) - 32W

LDE, Luz do dia especial

BULBO DAS FLUORESCENTES

Cada vez mais finos

Como já dito, a evolução passa pela redução.

As tradicionais lâmpadas fluorescentes de até 20 anos atrás tinham um bulbo denominado T12 que, com o tempo, foi dando lugar às mais modernas com bulbos T10 e chegando àquelas mais utilizadas em novos projetos de iluminação com fluorescentes, as T8.

As lâmpadas T8 são encontradas nas versões 16W e 32W e também em 18W e 36W.

Apesar de existirem lâmpadas fluorescentes T8 com pó ***standard*** e menor IRC, como é o caso das lâmpadas Confort White, em sua maioria as T8 são revestidas com pó trifósforo, o que resulta em ótima reprodução de cores, na faixa de 85.

As lâmpadas T12 têm sempre baixa reprodução de cores, ou seja, IRC menor de 70 e as lâmpadas com bulbos T10 acompanham essa *performance*, com exceção de um ou outro tipo específico, mas sem expressão comercial no mercado.

Essas referências, T12, T10 e T8 expressam a bitola do bulbo em relação a uma polegada, ou seja, 12 oitavos de uma polegada, 10 oitavos de uma polegada etc., conforme já escrito anteriormente.

Atualmente também são comercializadas no Brasil as fluorescentes T5, que contam com bulbos mais finos.

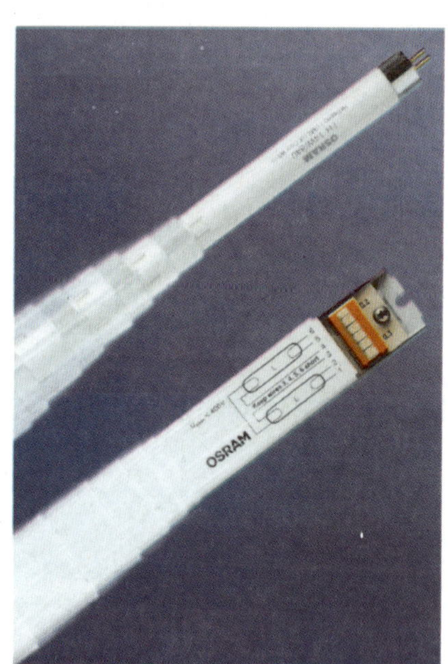

FIGURA 5.3 *Com a evolução tecnológica, diminui a bitola dos bulbos das lâmpadas fluorescentes, assim como as potências dessas lâmpadas.*

Como nos demais tipos de lâmpadas, a tendência de miniaturização é fato também nas fluorescentes (Figuras 5.3 e 5.4, Quadros 5.2 e 5.3).

Uma fluorescente mais fina aplicada a uma luminária emitirá mais luz para frente, uma vez que a lâmpada de tamanho reduzido em espessura produzirá menos sombra em relação à luz dirigida pela luminária.

Costuma-se dizer que uma lâmpada de bulbo T10 rende 15% mais em luz do que uma T12, quando aplicadas a uma luminária refletora. Assim, o rendimento da luminária aumenta com a redução da bitola do tubo fluorescente.

QUADRO 5.2 Bitolas (em mm) das lâmpadas fluoresentes.

T12	T10	T8	T5
38 mm	33 mm	26 mm	16 mm

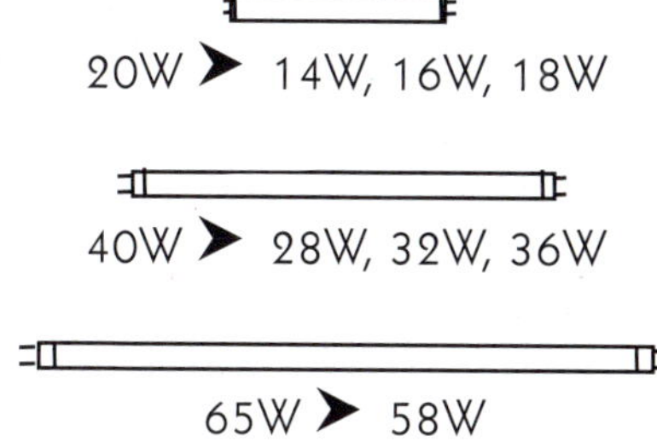

FIGURA 5.4 *Exemplos de fluorescentes mais finas nas quais se observam redução de potência e melhor fluxo luminoso.*

QUADRO 5.3 Resumo das principais evoluções tecnológicas no que se referem a projetos de iluminação utilizando lâmpadas fluorescentes

- Desenvolvimento de lâmpadas e reatores eletromagnéticos
- Desenvolvimento de lâmpadas mais modernas para os mesmos reatores eletromagnéticos
- Desenvolvimento de reatores eletrônicos para as lâmpadas modernas já existentes
- Desenvolvimento do sistema (lâmpadas com mais tecnologia e reatores eletrônicos)

Circulares T5

A circular eficiente.

Com o advento das fluorescentes T5 com bulbo mais fino – 16 mm – entramos numa nova era de lâmpadas circulares (Quadro 5.4). Operando com reator eletrônico de alta *performance*, essas fluorescentes circulares têm excelente reprodução de cores e se adaptam a várias situações decorativas, como por exemplo, em saídas de som no teto ou mesmo em terminais redondos de dutos de ar condicionado.

QUADRO 5.4 Características, aplicações das lâmpadas fluorescentes circulares FC® T5

CARACTERÍSTICAS	LÂMPADA FC® T5
▪ Diâmetro reduzido do tubo ▪ Versões: 22W, 40W e 55W com pó trifósforo Lumilux® ▪ Utilização com reator eletrônica	
APLICAÇÕES	
▪ Ideal para iluminação comercial associada a serviços (ar-condicionado, sistema de som) quanto para iluminação decorativa	

Essas lâmpadas circulares ainda possuem algum tipo de utilização, mas nunca chegaram a ter grandes aplicações no mercado. Mesmo as formas mais populares, como as de tubos mais grossos (maior bitola) e rosca E-27, nunca chegaram a ser utilizadas de forma ampla.

Como este livro tem, também, um cunho de registro histórico, alertamos para essa forma fluorescente circular de iluminar ambientes que, quando escrevi a primeira edição, tinha perspectiva de maiores aplicações, o que não se confirmou com o passar do tempo.

6. Lâmpadas de última geração

DESTAQUE PARA AS LÂMPADAS METÁLICAS

O tempo passa, os estudos avançam
e as lâmpadas se modernizam.

Também conhecidas como lâmpadas de vapor metálico ou de multivapores metálicos, neste capítulo serão abordadas as lâmpadas com fonte de luz mais moderna em termos de descarga à alta pressão, as quais são representadas pelas lâmpadas metálicas dos tipos HQI® / HCI®. Será apresentada também a lâmpada de indução magnética, que nunca chegou a ser utilizada em escala comercial no Brasil. Com isso, se prepara a apresentação a ser feita no próximo capítulo da maior inovação em fonte de luz artificial da atualidade para iluminação geral: os LEDs.

O leitor deve pensar que estou trocando a ordem das coisas, pois em capítulo anterior apresentei as fluorescentes T5, que se constituem na extrema modernidade no que diz respeito à iluminação de ambientes. Mas explico: o fato de ter colocado essas lâmpadas junto com as fluorescentes tradicionais foi para um melhor agrupamento dos tipos de lâmpadas em função de suas aplicações específicas, facilitando o entendimento.

Para o caso da Endura – lâmpada de indução magnética – deixei para este capítulo por representar uma forma diferente e específica de fluorescente e que foi uma grande novidade em termos de lâmpada de descarga em razão de suas características próprias de funcionamento, mas que, como colocado anteriormente, não conseguiu marcar posição no mercado.

LÂMPADAS DE DESCARGA A ALTA PRESSÃO - ESPECIAIS

Lâmpadas de multivapores metálicos

Mais opções para iluminar melhor.

Existem muitos tipos como mostra a Figura 6.1 e, por isso, passamos a descrever as lâmpadas mais utilizadas atualmente.

No Quadro 6.1 são apresentadas as características e aplicações das lâmpadas de multivapores metálicos HQI®.

QUADRO 6.1 Características e aplicações das lâmpadas de descarga de multivapores metálicos HQI®.

CARACTERÍSTICAS	APLICAÇÕES
▪ Luz branca e brilhante ▪ Eficiência energética extremamente alta ▪ Excelente reprodução de cores ▪ Longa durabilidade	▪ Em áreas internas e externas ▪ Iluminações de fachadas, instalações comerciais e industriais

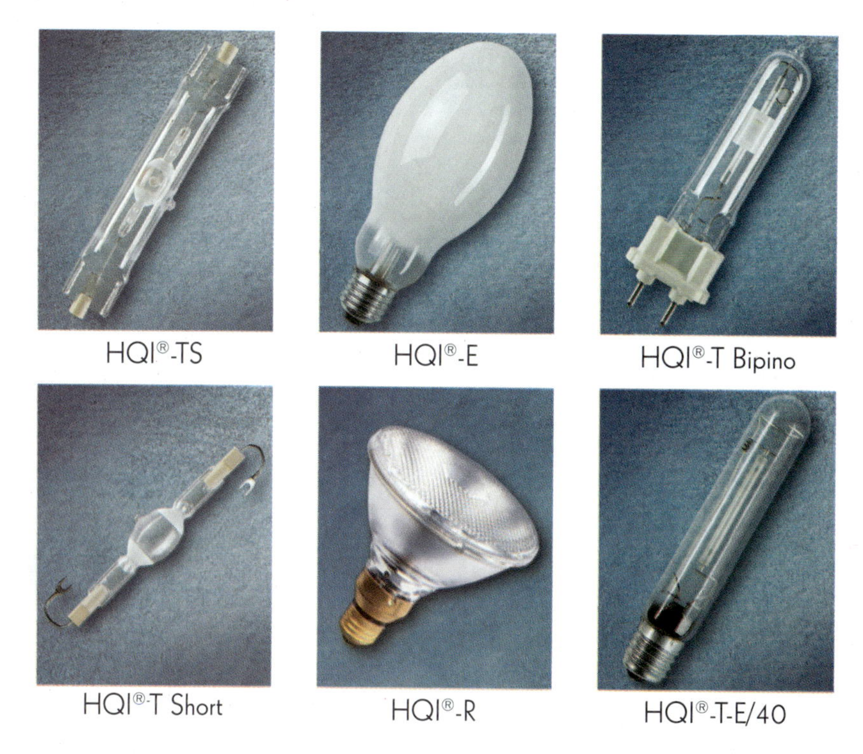

FIGURA 6.1 *Exemplos de lâmpadas de descarga de multivapores metálicos HQI®.*

Na Figura 6.2 é apresentado um projeto de iluminação utilizando lâmpadas de descarga de multivapores metálicos.

FIGURA 6.2 *O átrium do Morumbi é um exemplo de ambiente iluminado com lâmpadas de descarga de multivapores metálicos.*

No Quadro 6.2 são apresentadas as características, aplicações e potências das lâmpadas de descarga de multivapores metálicos HQI®-T e HQI®-TS.

QUADRO 6.2 Características, aplicações e potências das lâmpadas de descarga de multivapores metálicos HQI® T e HQI® TS.

CARACTERÍSTICAS	APLICAÇÕES	POTÊNCIAS
▪ Apenas uma tonalidade para as HQI®-T ▪ Duas tonalidades para as HQI®-TS: WDL (mais amarelada) e NDL (mais branca) ▪ Vida útil de 10.000h ▪ Necessitam de reator e ignitor para funcionar	INTERNAS ▪ *Shoppings centers*, vitrinas, lojas, restaurantes, hotéis, *stands* de exposições, museus, escritórios, salas de conferências entre outros EXTERNAS ▪ Fachadas de prédios e monumentos	▪ HQI®-TS - 70W ▪ HQI®-TS - 150W ▪ HQI®-TS - 250W ▪ HQI®-TS - 400W

Metálicas tubulares

250W, 400W, 1.000W e 2.000W

As preferidas do esporte.

Essas metálicas são lâmpadas extremamente eficientes quanto aos dois principais conceitos de iluminação: índice de reprodução de cores (IRC) e rendimento energético.

Elas operam com reator e ignitor. Nas versões 250W e 400W estão disponíveis no formato ovoide, também conhecido como elipsoidal. Esses dois tipos não são intercambiáveis entre fabricantes e, por isso, é preciso ter cuidado na hora da manutenção/reposição em instalações existentes, assunto já abordado no capítulo Lâmpadas de multivapores metálicos: é preciso sempre verificar a tensão de acendimento dessas lâmpadas para evitar problemas.

Com exceção das lâmpadas metálicas de 250W e 400W, os demais tipos de metálicas são sempre intercambiáveis.

Metálicas de baixa potência
TS 70W e 150W

Cuidado com as luminárias.

Chamadas de metálicas de baixa potência, essas lâmpadas são muito utilizadas em iluminação de destaque, iluminação geral, vitrines e em muitas outras situações.

Quando usadas na iluminação geral, há que se ter cuidado para que a luminária tenha a lente frontal de vidro jateado, para que a luz fique mais difusa, evitando-se o ofuscamento.

Em algumas versões, em especial de fabricantes tradicionais, o bulbo já vem com um sistema de tratamento do quartzo, para a filtragem do raio ultravioleta, denominado UV-Filter. O vidro comum é filtro para o UV, mas o quartzo não, por isso necessita um tratamento especial para filtrá-lo.

Intercambiáveis com lâmpadas de qualquer marca, deve-se utilizá-las sempre em luminárias fechadas com vidro de proteção frontal para evitar a ação do raio ultravioleta sobre as pessoas e os objetos iluminados.

As metálicas de 70W e 150W são encontradas em duas tonalidades de cor: WDL – amarelada de 3.000K e NDL – mais branca – de 4.000K ou mais.

Tubulares
70W e 150W

Grande luz com pequeno tamanho

Conhecidas como lâmpadas metálicas bipino, as tubulares operam com os mesmos equipamentos das HQI®-TS – reator e ignitor – e, sendo mais compactas, prestam-se muito para iluminações de destaques em refletores cilíndricos.

Diferentemente das TS que têm contatos em bases bilaterais, essas lâmpadas têm contatos com dois pinos na mesma base, originando-se daí o nome HQI®-T Bipino.

Metálicas ovoides de baixa potência

Operando com o mesmo equipamento das outras metálicas de 70W e 150W, as lâmpadas metálicas ovoides de baixa potência têm formato elipsoidal – ovoide – e contato em base normal (rosca E-27) que facilita a aplicação em luminárias mais simples. Em tese, onde é possível instalar lâmpadas incandescentes comuns, pode-se colocar uma HQI®-E de baixa potência.

É preciso ter cuidado, no entanto, pois ela se parece com uma lâmpada comum, em função da rosca E-27, mas é uma lâmpada de descarga que necessita reator e ignitor para seu funcionamento.

Existem tanto na versão transparente, como com bulbo leitoso, com uma maior difusão da luz, sendo uma ótima sugestão para a iluminação geral.

Metálica tubular
2.000W

Muito utilizada para iluminação de grandes áreas externas, as lâmpadas metálicas tubulares de 2.000W são ideais para áreas em que se necessita muita luz com ótima reprodução de cores, como por exemplo, estádios de futebol, arenas de rodeio, hipódromos, assim como grandes parques e jardins.

Em sua principal versão, a HQI®-T/N não necessita de ignitor para seu acendimento, bastando o reator específico e com base E-40.

Existem outras versões mais modernas para as mesmas finalidades e utilizações: são as HQI®-T Short, lâmpadas compactas que podem ser utilizadas em luminárias menores e são mais eficientes. Embora existam em outras potências, as que mais se destacam são as de 1.000W e 2.000W (Quadro 6.3).

QUADRO 6.3 Características e aplicações das lâmpadas metálicas tubulares HQI®-T Short.

CARACTERÍSTICAS	LÂMPADA HQI®-T SHORT
▪ Luz branca e brilhante ▪ Eficiência energética extremamente alta ▪ Excelente índice de reprodução de cores ▪ Longa durabilidade	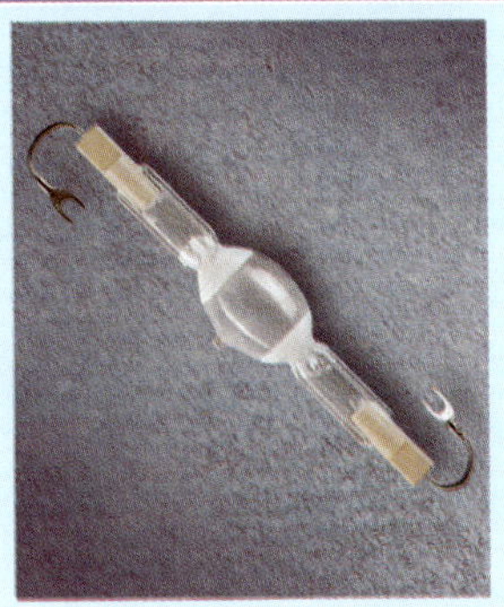
APLICAÇÕES	
▪ Áreas internas e externas. ▪ Iluminação de fachadas, instalações comerciais e industriais	

A lâmpada metálica de 1.500W com rosca E-40 foi e ainda é utilizada, mas em razão da maior eficiência dos sistemas com base bilateral que iluminam as grande arenas esportivas do mundo, sua utilização foi reduzida.

E por falar em arenas esportivas, o Brasil está se preparando para a Copa do Mundo de 2014 e na parte de iluminação do gramado, do chamado campo do jogo, as lâmpadas escolhidas são as metálicas tipo *short* de 2.000W, aplicadas em refletores cilíndricos com focalização muito bem definida.

Para se ter uma ideia da revolução na iluminação dos últimos anos, o Estádio Beira Rio do Sport Club Internacional de Porto Alegre, foi inaugurado em 1969 com os moderníssimos refletores com lâmpadas metálicas de 2.000W em gigantescos refletores retangulares. Eram 72 refletores que conseguiam uma "fantástica" iluminância média de 600 lux.

Quando for reinaugurado para a Copa de 2014, terá uma iluminância superior a 3.000 lux. O número de projetores, que era de 72, agora será em torno de 400 refletores.

Nunca o termo histórico "luz do dia" foi tão real como agora, nessas maravilhosas arenas esportivas, que se tornaram verdadeiros teatros gigantescos, preparadas para qualquer tipo de apresentação artística.

É muita luz e muito foco para o crescimento da cultura esportiva e artística.

Metálica refletora

Essa é a versão refletora das lâmpadas metálicas que pode substituir com vantagens a lâmpada Halopar para iluminação de destaque, jardins, lojas com grandes objetos em exposição, como revendas de automóveis, barcos etc.

Sendo de vapor metálico, a lâmpada metálica refletora é mais econômica, mais eficiente e com excelente reprodução de cores, na faixa de 92%.

Versão *premium* da metálica

Ao contrário das tradicionais metálicas, essa moderna lâmpada tem seu tubo de descarga feito em cerâmica, o que torna sua luz mais suave, eficiente, com melhor IRC, aumentando o fluxo luminoso em torno de 20% e, principalmente, apresenta melhor manutenção da tonalidade de cor ao longo de sua vida útil o que é uma característica importante, pois toda lâmpada tem, ao longo de sua vida útil, perda de fluxo luminoso e alteração na tonalidade de cor, que neste tipo de lâmpada é substancialmente atenuado.

A lâmpada metálica tradicional de tubo de quartzo, com o passar do tempo começa a ter variação na tonalidade de cor, visto que, o quartzo, por ser microporoso, com as altas temperaturas de funcionamento, ao longo do tempo, algum dos elementos gasosos que compõem a cor branca, escapam pela dilatação dessas microfissuras e o resultado é a distorção da cor de luz dessas lâmpadas, tendendo ao amarelado, ao verde entre outras, conforme o elemento que "escapa" do tubo de descarga.

Com o advento do **tubo de cerâmica** utilizado nas lâmpadas metálicas tipo CDM® (Phillips®) ou HCI® (Osram®), essas "fuga" não ocorre, uma vez que a cerâmica é mais hermética e resistente à dilatação. Por esse motivo, lâmpadas metálicas de tubo cerâmico têm grande estabilidade da cor de luz.

No Quadro 6.4 são apresentadas as características da lâmpada Powerstar HCI® produzida pela Osram®.

QUADRO 6.4 Características e aplicações das lâmpadas Powerstar HCI®, a versão premium das já consagradas HQI®.

CARACTERÍSTICAS	LÂMPADA POWERSTAR HCI®
▪ Maior fluxo luminoso: até 20% maior ▪ Excelente estabilidade de cores: melhor manutenção da tonalidade de luz ao longo de sua vida útil ▪ Melhor índice de reprodução de cores ▪ Facilidade de troca/manutenção (compatível com os soquetes das lâmpadas de multivapores metálicos com tubo de descarga em quartzo ▪ Bulbo UV-Stop 	

Notem que o "C" da nomenclatura utilizada pelos principais fabricantes é justamente para definir o tubo de descarga que é utilizado: **C** de cerâmica.

As lâmpadas **refletoras metálicas de tubo cerâmico** são uma verdadeira coqueluche na iluminação de ambientes comerciais, tanto na iluminação de destaque – em vitrines, onde dominam totalmente, como na iluminação ambiente de lojas. São as CDM®-R ou HCI®-PAR e suas similares em várias potências – 35W, 70W e até 150W – nas versões PAR 20, PAR 30 e PAR 38, que substituem, com muita eficiência, suas correspondentes halógenas.

A intensidade luminosa desses tipos metálicos é até sete vezes maior do que a intensidade das halógenas. O custo inicial de instalação é maior, mas, compensado pela eficiência luminosa e durabilidade muito maior.

No entanto, a PAR halógena tem uma vantagem em relação à PAR metálica de tubo cerâmico: a possibilidade/facilidade de ***dimerizar***. Nos demais aspectos é incomparável a vantagem das metálicas sobre as halógenas e por isso sua utilização cresceu tanto e tomou conta dos ambientes internos e externos.

ENDURA®

A lâmpada interminável

Dizia, na primeira edição deste livro, que a Endura®, por sua durabilidade de até 60.000 horas, era imortal ou eterna. Na realidade, essa durabilidade resulta de não se utilizar filamentos elétricos para seu funcionamento como nas demais lâmpadas fluorescentes. Bobinas magnéticas fazem a excitação das moléculas de mercúrio, vaporizando-o de modo a gerar o raio ultravioleta que, atravessando a camada fluorescente, se transforma em luz visível.

Como uma das formas de queima das lâmpadas fluorescentes é justamente o desgaste do filamento elétrico, a Endura®, não tendo esse componente, queimará depois de aproximadamente 60.000 horas por fim de vida natural, como nós mesmos, caso não tenhamos nenhuma doença grave, morreremos com cerca de 120 anos – se Deus quiser!

Excelente para instalações em locais de difícil acesso, como os de pé-direito muito alto onde são necessárias verdadeiras operações especiais para a colocação e substituição de lâmpadas, as lâmpadas Endura, além da durabilidade tem grande fluxo luminoso, possibilitando, assim, iluminação em áreas com grandes alturas.

Costumo brincar dizendo que nós instalaremos uma Endura® e nossos netos farão a primeira manutenção (Quadro 6.5 e Figura 6.3).

Essa é uma lâmpada com muitas virtudes que não chegou a ser bem aceita no mercado, de modo que poucas instalações foram feitas no Brasil.

Cito e falo sobre a Endura®, por se tratar de uma forma de fazer projetos com luz muito econômica e porque este livro tem esse cunho de registrar tipos que fizeram e fazem essa nossa história da luz.

QUADRO 6.5 Características e aplicações das lâmpadas fluorescentes tubulares Endura®.

CARACTERÍSTICAS	APLICAÇÕES
▪ Vida útil: 60.000h (cerca de 14 anos) ▪ Excelente eficiência luminosa ▪ Tecnologia de indução magnética e reator eletrônico	▪ Locais de difícil acesso, como os de pé-direito muito alto

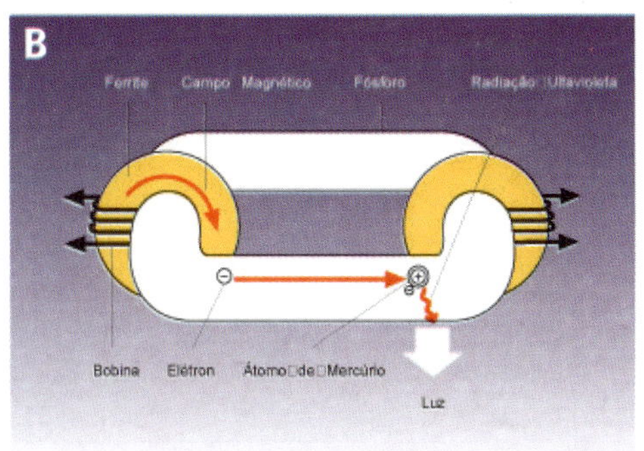

FIGURA 6.3 *(A) Lâmpada Endura®. (B) Funcionamento da lâmpada Endura®.*

Para finalizar, convenhamos que, com o advento de projetores de LEDs de alta eficiência e durabilidade para iluminação pública, ficou ainda mais difícil de a lâmpada de indução magnética ter crescimento de vendas no mercado.

7. LEDs: novos conceitos em iluminação

O QUE SÃO OS LEDS

O futuro imediato da iluminação.

Até há pouco tempo, os diodos emissores de luz, os LEDs (do inglês ***light emitting diode***) eram utilizados apenas como sinalizadores de equipamentos eletrônicos, como calculadoras, televisores, computadores, indicando se estavam ligados ou não. Seu fluxo luminoso era insuficiente para iluminação geral.

Atualmente, em face da evolução tecnológica, com o aumento de seu fluxo luminoso e a descoberta da tecnologia para a emissão de luz branca, sua utilização tornou-se possível para substituir as lâmpadas tradicionais em muitos de seus usos.

Com tamanho bastante reduzido, os LEDs são componentes semicondutores que convertem corrente elétrica em luz e oferecem várias vantagens através do seu desenvolvimento tecnológico, tornando-o uma alternativa real na substituição de lâmpadas elétricas, tornando cada vez mais possível a realização daquele pensamento: quanto menor a fonte de luz, melhor sua funcionalidade estética no ambiente (Figura 7.1).

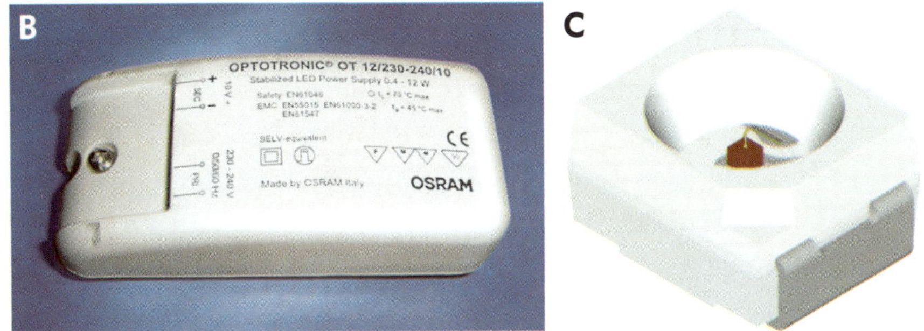

FIGURA 7.1 *Exemplos de LEDs. (A) Módulos de LEDs; (B) Drive, e; (C) Power LED.*

VANTAGENS TECNOLÓGICAS DOS LEDs

- Longa durabilidade;
- Alta eficiência luminosa;
- Variedade de cores;
- Dimensões reduzidas;
- Alta resistência a choques e vibrações;
- Luz dirigida;
- Sem radiação ultravioleta e infravermelha na faixa de luz;
- Baixo consumo de energia.

BENEFÍCIOS DOS LEDs

- Proporciona novas possibilidades de *design*, graças a sua variedade de cores;
- Solução econômica de longa durabilidade;

- Redução drástica na necessidade de manutenção, permitindo instalação em locais de difícil acesso;
- Ecologicamente correto, pois seu descarte é simples por não conter mercúrio.

Além destes, muitos outros benefícios são inerentes aos LEDs, os quais são abordados em maior profundidade no livro *LED – A luz dos novos projetos*.

No Brasil já são comercializados LEDs para iluminação geral, os quais são os substitutos preferenciais das lâmpadas convencionais por terem longa durabilidade – de 20.000 horas até mais de 50.000 horas – e reduzir drasticamente a necessidade de manutenção.

Com a utilização desse tipo de lâmpadas, o consumo de energia elétrica é extremamente reduzido, conseguindo-se uma economia de até 80% quando comparados às lâmpadas incandescentes tradicionais.

Notem que um elemento elétrico-eletrônico que substitui as lâmpadas tradicionais, consumindo muito pouca energia e durando muito, sem sombra de dúvida, representa uma verdadeira revolução no mercado de iluminação.

Com funcionamento em baixa tensão e baixa corrente nominal, os LEDs são muito mais seguros que as fontes de luz artificial até hoje conhecidas.

UTILIZAÇÃOS DOS LEDs

Atualmente os LEDs já estão sendo utilizados em praticamente todos os segmentos do mercado de iluminação, entre os quais destaca-se:

- Comunicação visual: fachadas, ***back-lighting***, luminosos, avisos orientativos (saída, WC, bar etc.);
- Sinais de tráfego: substitui os obsoletos faróis com lâmpadas incandescentes ou halógenas;
- Em sancas na arquitetura de iluminação em geral;
- Marcação de caminhos em prédios e jardins, bem como em ci-

nemas, teatros e escadarias;

- Em substituição a iluminação de néon, a qual é de caríssima manutenção e perigosa por sua tensão e frequência.

Na verdade, são inesgotáveis as aplicações dessas pequenas maravilhas da moderna indústria da iluminação. Pode-se afirmar que elas estão intimamente ligadas à imaginação e ao bom gosto dos especificadores e aplicadores de fontes de luz arrojadas, belas e muito econômicas.

O limite para a aplicação dos LEDs é exatamente o da imaginação e criatividade do profissional da luz.

Onde se colocava uma luminária com uma incandescente de 40W ou uma halógena de 20W, agora se instala um módulo de LED de pequena potência, podendo-se então sentir a estupenda economia de energia que, aliada à incomparável redução do tamanho da fonte de luz, torna o LED a pequena maravilha da iluminação.

Acredito não restar dúvidas de que os LEDs são o futuro imediato da iluminação[1].

Um fator que contribuiu para a disseminação dos LEDs é que o mercado da iluminação mudou radicalmente. Até o final do século passado tínhamos basicamente quatro fabricantes mundialmente conhecidos; atualmente temos quatro (montadores) fabricantes por estado ou por cidade.

Essa proliferação de fabricantes de LEDs trouxe uma grande variedade, mas também preocupação extra com a qualidade. Como ainda não temos Certificação Compulsória, estamos em uma busca incansável de fornecedores de produtos confiáveis para que os LEDs possam se firmar no mercado.

---

1 Quando escrevi essas afirmações há mais de dez anos, não tinha certeza sobre como seria a evolução real daquela, então, novidade luminosa. Hoje vejo que os LEDs estão em todos os tipos de ambientes e não há mais limite para sua utilização.

No capítulo que se seguia, registrava alguns tipos de LEDs existentes naquela época e hoje não já não é mais possível fazer isso, pois este capítulo se tornaria um verdadeiro catálogo de LEDs em razão de tantos modelos e utilizações.

Tanto é assim, que escrevi e a Editora LCM lançou em 2012 o livro LED – A luz dos novos projetos que aborda com profundidade o assunto e, mesmo nele, não era possível fazer o registro de todos os tipos, razão porque foram apresentados apenas os mais importantes.

O efeito de instalar um produto de má qualidade é devastador para o mercado, pois aquele consumidor dirá a outros tantos que LEDs são ruins, queimam rapidamente, iluminam pouco etc.

Esse caminho foi percorrido por outros produtos e não há como queimar etapas. O que devemos fazer é escolher bem para não comprar "gato por lebre".

Aguardemos e lutemos pela Certificação Compulsoria que separará o joio do trigo, para o bem de todos nesse iluminado mercado.

Tenho informações de que a implementação dessa Certificação Compulsória está bem próxima. Que já para 2014 possa estar em vigor e que para Iluminação Pública ainda em 2013 deverá vigorar.

Os primeiros produtos a serem certificados serão os de *retrofit* mais imediato, ou seja, as lâmpadas com rosca E-27 e com dois parâmetros a serem medidos: **desempenho** e **segurança**, que equivale dizer, *DRIVER* (fonte) bem dimensionado e fluxo luminoso correto do LED. ***Aguardemos!***

Os LEDs têm evoluído muito em eficiência e já existem alguns tipos especiais com mais de 100 lm/W. Como escrevi recentemente no livro *LED – A luz dos novos projetos*, quando você estiver lendo este capítulo, é bem provável que já tenhamos LEDs beirando aos 200 lm/W, tal é a evolução tecnológica desta nova-antiga fonte de luz.

DIMERIZAÇÃO DE LEDs

No momento em que estava remetendo o livro, em seu texto original para a editora, recebia a informação do lançamento de um produto que permite a *dimerização* de LEDs, com a referência da OT DIM, denominado Unidade *Dimerizável* para Módulos de LEDs.

Conectado a um *dimmer* analógico ou sinais digitais de sistemas de automação, esse sistema permite a variação da luz de 0% a 100% e, ainda, combinações das cores vermelho, verde e azul (RGB), obtendo-se incontáveis variações e tonalidades de cor.

Atualmente, sabe-se que uma das grandes vantagens dos LEDs em relação às lâmpadas de descarga é a sua possibilidade de *dimerização*, nem sempre possível em alguns tipos mais eficientes como as metálicas.

A ***dimerização*** de produtos de LEDs se dá por meio de sua fonte, que é um equipamento auxiliar, também conhecido no mercado mundial como *Driver*. Em outras palavras, o ***Driver*** (fonte) é que deve ser *dimerizável*.

Outros detalhes sobre o funcionamento e as características dos LEDs estão abordados de forma detalhada no livro há pouco citado.

8. Reatores

Ligação muito íntima com as lâmpadas.

O reator utilizado em iluminação é um componente elétrico a ser acoplado a sistemas de lâmpadas de descarga para seu funcionamento. Na realidade, tem duas funções: dar partida e limitar a corrente elétrica que alimenta a lâmpada. Nos casos dos reatores convencionais que funcionavam integrados a um *starter* para o acendimento de fluorescentes comuns, o *starter* era responsável pela partida e, tão logo acendesse a lâmpada, ele "saía" do sistema. Notem que escrevo com verbo no passado, uma vez que não são mais utilizados em novas instalações.

Falando ainda em reatores eletromagnéticos, existiam – e ainda existem – os reatores de partida rápida que não utilizam *starter*. Maiores e mais pesados, são responsáveis pela partida – acendimento da lâmpada – e limitação da corrente, conforme explicado anteriormente.

Para lâmpadas de descarga a alta pressão, como as de vapor de mercúrio, vapor de sódio, multivapores metálicos, entre outras, também são utilizados reatores, em geral, do tipo eletromagnético e, como visto em capítulos anteriores, em alguns tipos de lâmpadas há a necessidade de um ignitor que tem função semelhante ao *starter* nas lâmpadas fluorescentes. A diferença é que o *starter* usado para acender fluorescentes eleva a tensão numa faixa que varia de 300 a 800 volts, enquanto que os ignitores podem elevar a tensão até 4.500 volts (4,5 quilovolts). Essa elevação chama-se de pulso ou pico de tensão.

Para lâmpadas de baixa potência – até 150W do tipo metálica – já existem reatores eletrônicos que substituem, com vantagem, os magnéticos, por não necessitarem de ignitor e capacitor.

Esses detalhes são explicados para introduzir o próximo e fundamental assunto que representa o presente e o futuro da iluminação de descarga, pois quando se trata de equipamento para lâmpadas fluorescentes modernas, logo se pensa que, sendo moderno, tem que haver eletrônica integrada ao sistema. É exatamente o que se tratará a seguir.

REATORES ELETRÔNICOS

Uma evolução em relação aos antigos reatores eletromagnéticos, os reatores eletrônicos representam a modernidade no acendimento de sistemas evoluídos de iluminação fluorescente. Os reatores eletrônicos são utilizados também para os sistemas antigos com lâmpadas de bulbo T10 ou T12, que são as fluorescentes tradicionais.

Nesse aspecto, é importante ressaltar a existência de vários tipos de reatores eletrônicos, desde os que têm a função única de acender a lâmpada, até aqueles que têm no seu projeto a preocupação de, além de fazer funcionar a fluorescente, não interferir no sistema elétrico.

Atualmente esses reatores predominam nas novas instalações de fluorescentes.

Principais características dos reatores eletrônicos:

- Alto fator de potência – os de qualidade superior;
- Altíssima frequência – elimina o efeito estroboscópico e de cintilação;
- Baixa carga térmica – resulta em economia energética;
- Aumento da vida útil da lâmpada em 50% – os de alta *performance*;
- Economia de energia – em torno de 50%;
- Possibilidade de *dimerização* e utilização de sistemas inteligentes com redução no consumo de energia de até 70% em comparação com os reatores magnéticos.

Os reatores eletrônicos têm muitas outras vantagens em relação aos magnéticos, mas conforme o tipo e a qualidade podem resultar em problemas, os quais serão explicados nos próximos itens.

Agora, mostro a diferença de funcionamento elétrico de um reator magnético em relação ao eletrônico:

- O **reator magnético** funciona em 60 hertz (Hz) ou ciclos e, sendo de corrente alternada, faz uma curva, não produzindo luz nas extremidades, o que provoca o efeito estroboscópico e também o de cintilação, que causam cansaço visual (Figura 8.1a).
- O **reator eletrônico**, funcionando na faixa de 35.000 Hz ou ciclos, faz com que a curva senoidal seja modificada pelo aumento da frequência, gera, praticamente, uma linha reta, o que faz desaparecer os efeitos acima citados (Figura 8.1b).

Por esta razão, diz-se que lâmpadas fluorescentes ligadas a reatores eletrônicos não fazem mal à saúde, ou seja, não prejudicam a visão.

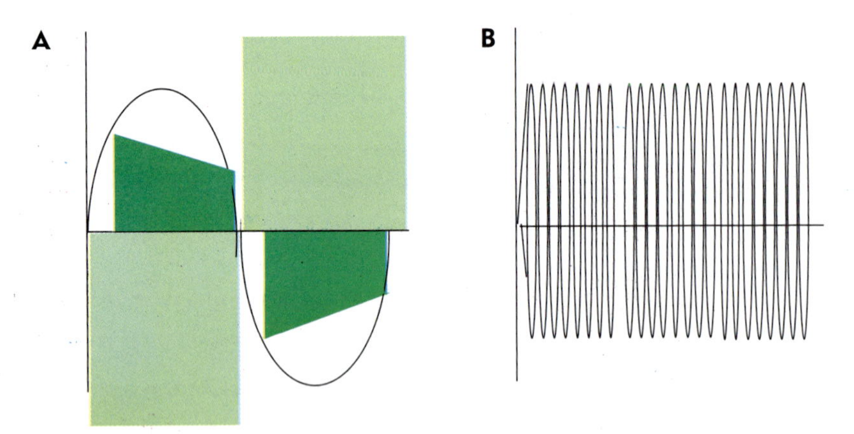

FIGURA 8.1 *(A) O funcionamento em 60 Hz faz com que os reatores eletrônicos provoquem efeito estroboscópico e causem cintilação.*
(B) Os reatores eletrônicos, funcionando em 35.000 Hz, eliminam esses efeitos, não prejudicando a visão.

Sujeira no sistema elétrico

Reatores eletrônicos de qualquer espécie funcionam numa frequência acima de 35.000 Hz ou 35 Khz. Essa frequência resulta em distribuição de vários sinais na corrente elétrica, dentre os quais o principal é o das harmônicas que interfere nos demais equipamentos eletrônicos ligados no circuito, bem como outras ondas distorcidas pela amplitude da faixa frequencial que abrange. Para se ter uma ideia mais clara, uma vez que um dos propósitos deste livro é não usar termos complicados, facilitando a compreensão de todos, esses sinais são interferências como ruídos estranhos no rádio, estremecimento da imagem da TV. Acontece que, se fossem só estes pequenos incômodos, não haveria grandes problemas, mas as interferências não param por aí e, espalhando-se pela corrente elétrica, "derrubam" sistemas de computadores, de comunicação, segurança e muitos aparelhos eletrônicos como eletrocardiógrafos, monitores hospitalares entre tantos outros.

Então vem a pergunta: – Sendo tão complicado usar reatores eletrônicos, deve-se voltar aos antigos eletromagnéticos? Ao que respondo de pronto: felizmente não, mas é preciso tomar alguns cuidados.

Acendedores eletrônicos

São assim chamados porque acendem a lâmpada única e exclusivamente espalhando sujeira na corrente elétrica. Em geral, são de baixo preço, baixo fator de potência e com o agravante de reduzirem a vida útil da lâmpada em até 50%.

Existem nessa linha barata de reatores, alguns que até são de alto fator de potência, mas que não deve ser confundido com alta *performance*, pois o fator de potência nada tem a ver com a sujeira do sistema elétrico, mas sim com a proporção da energia indutiva e reativa.

Desta forma, quando se tem que utilizar reatores eletrônicos que garantam todas as vantagens desses equipamentos aliadas à garantia de não interferir nos demais aparelhos da instalação, deve-se procurar reatores que possuam filtros que eliminem esse problema nefasto: esses reatores são os conhecidos como reatores de alta *performance*.

Atualmente se constata um grande crescimento na qualidade dos reatores eletrônicos, uma vez que fazem parte da Certificação Compulsória e sua qualidade é acompanhada por laboratórios oficiais. Uma novidade é que todos os reatores a partir de 25W devem ser obrigatoriamente de alto fator de potência (AFP). Essa norma foi estendida recentemente às lâmpadas fluorescentes compactas eletrônicas, também conhecidas como econômicas, pois, como se sabe, elas têm um reator eletrônico incorporado junto à base e que até agora eram de baixo fator de potência (BFP).

Atenção: A partir do segundo semestre de 2013, as lâmpadas fluorescentes compactas eletrônicas **acima de 25W** devem ser, por norma, de AFP. As lâmpadas desse tipo, até 25W continuam sendo de BFP e por isso não são indicadas para grandes instalações, como já mencionado no capítulo Compactas Eletrônicas

Reatores eletrônicos de alta *performance*

Esses reatores, além de serem todos de AFP, possuem diversos filtros com o intuito de eliminar interferências na rede elétrica, entre os quais destaca-se o filtro de harmônicas. A qualidade de um reator de última geração é indicada pela taxa de distorção harmônica (THD) que, na recomendação da ABNT, tem que ser menor que 30%, embora os grandes reatores comercializados atualmente no Brasil tenham THD menor que 10%, sendo comercializados até modelos com THD menor que 5%. Se houver dúvida quanto ao reator eletrônico ser ou não de alta *performance*, leia a informação no corpo do produto, na embalagem ou catálogo, para ver qual a THD e, quanto menor, melhor será o reator eletrônico.

É importante esclarecer que a maioria dos reatores eletrônicos comercializados atualmente no Brasil tem THD menor que 20%, operando sem maiores problemas aos sistemas elétricos.

Existem reatores eletrônicos de muitos tipos e configurações. Alguns acendem uma, duas e até quatro lâmpadas, sendo, portanto multipotenciais. Outros trabalham em tensão de rede de 110V até 240V, são os reatores de multitensão.

Cabe ressaltar que quando se deseja um sistema elétrico de qualidade, como instalações em bancos, lojas, indústrias, hospitais, escritórios e grandes obras em geral, deve-se optar sempre por reatores de alta *performance* com THD menor possível e, quanto se tratar de uma ou duas fluorescentes numa residência, pode-se instalar os reatores de baixa performance ou acendedores eletrônicos sem prejuízos maiores, como os que ocorrem nas grandes instalações comerciais. No caso dessas grandes instalações, poderá haver "queda" do sistema de computação, alteração no desempenho de aparelhos de precisão, assim como em máquinas e equipamentos digitais, predominantes nas grandes empresas.

Resumindo: instalações em ambientes profissionais requerem reatores eletrônicos de alta *performance*.

REATORES *DIMERIZÁVEIS*

A eficiência energética inteligente.

Graças à integração da eletrônica aos reatores podemos dispor da *dimerização* de um sistema de iluminação fluorescente. Com esse recurso pode-se poupar ainda mais energia elétrica utilizando a luz necessária em determinado momento. Agora, se a opção for por aplicação de reatores *dimerizáveis* com sensores de luz, pode-se projetar o que se chama de sistema inteligente de iluminação (Figura 8.2).

Dimensiona-se o nível de iluminação para determinado ambiente, acoplando-se no circuito dos reatores *dimerizáveis* um sensor de luz. Sempre

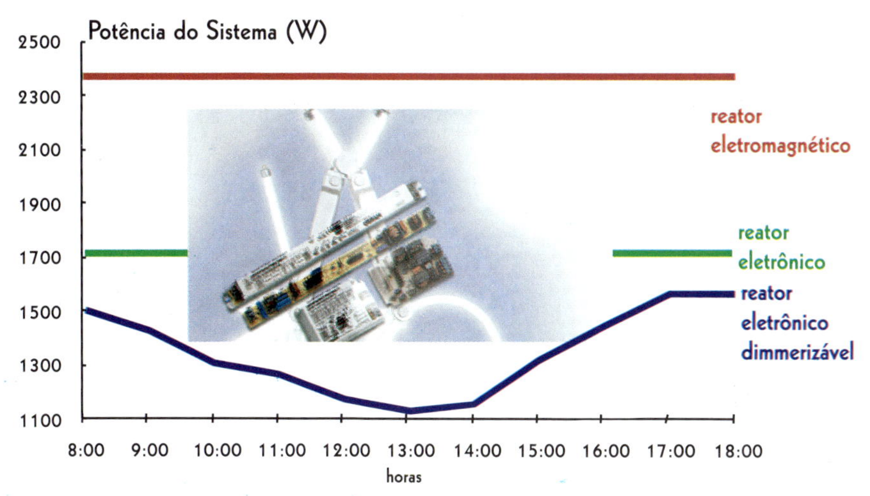

FIGURA 8.2 *Reatores eletrônicos. Projeto piloto do icktronic Dimmable.*

que a luz do Sol começar a iluminar o ambiente, as lâmpadas, comandadas pelo sensor, reduzirão seu fluxo luminoso, deixando somente o necessário para complementar a luz natural. À tardinha, quando o Sol começar a se pôr, as lâmpadas acender-se-ão paulatinamente, em complementação à luz natural até se acenderem completamente à noite. Este pequeno milagre da eletrônica resulta numa economia de energia que chega a 70% em relação a um sistema com reatores eletromagnéticos tradicionais.

A integração da luz natural com a luz artificial é o que sempre se buscou e agora é possível com a utilização desses sistemas inteligentes.

Com a troca de reatores magnéticos por eletrônicos já se obtém uma boa economia de energia, que chega a 50% e, utilizando-se o sistema inteligente, o ganho é ainda maior.

Os reatores *dimerizáveis* permitem monitoração do sistema de iluminação por controle remoto e por computadores.

UTILIZAÇÃO DE REATORES

A seguir, algumas dicas de utilização de reatores:

- Troca de eletromagnéticos por eletrônicos;
- Nas pequenas instalações pode-se usar eletrônicos de baixa *performance*, sabendo-se que eles interferirão em alguns aparelhos eletroeletrônicos;
- Para instalações profissionais recomenda-se a utilização de reatores eletrônicos de alta *performance* com THD menor possível, no mínimo menor que 10% ou, na pior das hipóteses, menor que 20,% apesar de a recomendação brasileira atual exigir menor que 30%, como já mencionado.
- Onde se deseja maior economia de energia, utilizam-se sistemas inteligentes com reatores *dimerizáveis*, controle manual do tipo *dimmer* ou, mais sofisticadamente, com sensores de luz, controle remoto ou computador.

Reatores eletrônicos são fundamentais para a economia de energia. No entanto, deve-se ficar atento à utilização adequada de cada tipo.

UM PROJETO DE ILUMINAÇÃO INTELIGENTE

Na Figura 8.3 é apresentado um projeto moderníssimo de iluminação inteligente em um dos símbolos da arquitetura mundial, que estão entre as torres mais altas do mundo: Petronas Towers, com 450 metros de altura, na Malásia.

Algumas informações sobre o projeto:

- Área: 300.000 m^2;
- Empregos: 10.000
- Custo de construção: U$ 2,5 bilhões;
- 180.000 lâmpadas Lumilux® 18W ;
- 60.000 reatores Osram® Quicktronic® instalados;
- 20.000 aparelhos de telefone;
- 10.000 micromputadores;
- Economia de energia: 1.200 KW;
- Retorno do investimento: 2,5 anos em 3.000 horas/ano;

FIGURA 8.3 *Petronas Towers, um projeto de iluminação inteligente que usa lâmpadas com pó trifósforo e reatores eletrônicos* dimerizáveis.

9. Cálculo luminotécnico

Existem várias formas de cálculo de iluminação, algumas bem sofisticadas e complicadas, outras bem específicas, mas todas com uma característica básica: os cálculos são definidos por parâmetros, dentre os quais o tipo de luminária ou refletor aplicado é um dos principais.

Como cada luminária e seus índices de reflexão influenciam o resultado final do cálculo, os fabricantes de luminárias desenvolvem seus cálculos com base em dados fotométricos de seus produtos e, inclusive, atualmente oferecem *software* para cálculo de projetos luminotécnicos. Alguns fabricantes disponibilizam essas fórmulas em seus sites.É importante saber que, como cada luminária tem uma curva de distribuição luminosa específica, para cada luminária haverá um cálculo específico.

Diante disto, não posso deixar de fornecer uma fórmula de cálculo luminotécnico, até porque prometi no início deste livro a tal "receita de bolo", e também porque muitos que estão lendo este trabalho até aqui, já assistiram palestras que fiz e sabem que sempre indico a fórmula para calcular a quantidade de lâmpadas necessárias para um determinado ambiente. Então não posso, de maneira alguma, deixá-los frustrados.

Em meio a tantos programas sofisticados para cálculos de projetos de iluminação, a fórmula que que será apresentada a seguir pode parecer coisa do passado, porém, como muitos alunos e pessoas leigas se utilizarão desta obra, penso ser fundamental apresentar a fórmula que deu origem até aos mais sofisticados programas informatizados de projetos. Outro motivo para fornecer essa fórmula é o fato de que nas palestras sempre aparece uma boa quantidade de profissionais que não a conhecem e fazem ou faziam seus projetos empiricamente.

Depois dessa explicação, é apresentada e explicada a seguir uma fórmula para calcular de forma rápida e objetiva a quantidade de lâmpadas que deverão ser distribuídas num determinado ambiente para que se tenha uma iluminação eficiente e, principalmente, dentro da norma brasileira, evitando-se até aquelas indesejáveis reclamatórias trabalhistas por insalubridade entre outras.

CÁLCULO DA ILUMINAÇÃO GERAL

Com a fórmula apresentada a seguir, podemos resolver mais de 80% dos cálculos de iluminação geral em poucos minutos.

É uma fórmula genérica, não é atrelada a nenhuma luminária e, portanto, na fórmula simplificada se utilizam índices médios que serão devidamente explicados.

Na sequência, é apresentado um quadro com os índices de iluminação exigidos pela norma NBR que são fundamentais para todos os casos de iluminação de ambientes, especialmente para os locais de trabalho.

O quadro apresentado na página ao lado apresenta a fórmula do cálculo da iluminação geral ou equação da quantidade de lâmpadas/luminárias, transcrita do Manual Luminotécnico Prático da Osram® do Brasil.

Explicando a fórmula

- **Quantidade de lâmpadas** - É o resultado final e nosso objetivo, devendo sempre ser arredondado para cima. Por exemplo, para um resultado de 9,7, arredondaríamos para 10 lâmpadas e, se forem utilizadas luminárias duplas, 5 luminárias.

- **Iluminância média** - Dada em lux (lx) e especificada na norma NBR 5413, é a quantidade de luz que incidirá no ambiente ou no plano de trabalho.

- **Área do recinto** - É a medida, em metros quadrados (m^2), da área a ser iluminada.

- **Fator de depreciação** - Índice que define a redução de luminosidade de um sistema, seja pela perda de reflexão da luminária por sujeira ou desgaste do refletor, seja pela queda de fluxo luminoso inerente a todas as lâmpadas. É, portanto, um número fornecido, em geral, nos catálogos dos fabricantes de luminárias, variando conforme o tipo refletor (pintado, de alumínio, de alumínio de alta reflexão etc.). No caso da fórmula simplificada, o número a ser utilizado representa uma média dos vários índices de diversos cálculos. É um valor bem significativo e confiável.

- **Fluxo luminoso da lâmpada** - É fornecido nos catálogo dos fabricantes de lâmpadas. Determina-se o tipo de lâmpada a ser instalada e coloca-se na fórmula o número indicado no catálogo, o qual é dado em lumens (lm).

- **Fator de utilização** - É o produto resultante da eficiência da luminária com a eficiência do recinto.
  - **Eficiência da luminária:** Cada tipo de refletor tem um índice de eficiência, variando conforme o material utilizado, de 0 a 100. Esse dado é fornecido nos catálogos dos fabricantes de luminárias.
  - **Eficiência do recinto:** Indicado pela ABNT, define um número para cada tipo de ambiente: cor das paredes, do teto, do chão etc. Para cada cor há um número correspondente que varia de 0 a 100.

  O fator de utilização é, portanto, um valor que abrange tanto a luminária como o recinto e, para utilização na fórmula simplificada é indicado o número médio que define a maior parte dos projetos, especialmente por se estar fazendo um cálculo simplificado.

Nas palestras, distribuo sempre uma folha que apresento a seguir, onde aparece diretamente o fator de depreciação – deixando claro que é uma simplificação – que, integrando a fórmula, resulta em uma boa solução para o cálculo da iluminação geral.

- **Fator de iluminação do reator** - Na fórmula aparece o fator de iluminação do reator (Bf, do inglês ***ballast factor***), que determina o fluxo luminoso da lâmpada instalada com determinado reator. Antes, esse índice não existia na fórmula, pois os reatores eletromagnéticos tinham um único índice de iluminação, independente do tipo ou de marca. Com o advento dos reatores eletrônicos, cada reator tem um índice Bf. Existem reatores que fazem a lâmpada emitir 90% de seu fluxo luminoso nominal, até tipos de alta ***performance*** que têm índice de 110% ou 1,1. Para projetos com lâmpadas que não operam com reatores eletrônicos, ou mesmo no caso de não se ter esse dado, o índice Bf pode até ser desprezado, pois como o arredondamento será sempre para mais, esse fator será compensado.

É importante observar que na fórmula simplificada apresentada a seguir, são indicados números médios, 1,25 para o fator de depreciação (Fd) e 0,5 para o fator de utilização (Fu).

Utilizando-se os índices médios indicados, e considerando-se que os demais números são conhecidos ou fornecidos nos catálogos de lâmpadas, pode-se fazer em poucos minutos o cálculo da iluminação geral da maioria dos ambientes.

Exemplo

O cliente chega e diz que quer saber quantas luminárias/lâmpadas necessita instalar para ter uma boa iluminação em sua loja. Rapidamente, o próprio balconista, de posse desta fórmula, indicará para o cliente a quantidade de lâmpadas.

É importante salientar que, sempre, para ambientes maiores ou mais sofisticados, se recomenda consultar um especialista, pois esta fórmula é para cálculos simplificados. Ela é registrada neste livro, por se saber que, didaticamente, é importante para solucionar pequenos projetos.

Como se utilizam números médios, em grandes instalações pode-se correr o risco de colocar lâmpadas em quantidade acima do necessário, o que resultaria em desperdício de energia e de materiais. Mas que é uma boa "receita de bolo", com certeza é, comprovada pela experiência de muitos anos em contato com o mercado e com profissionais.

Sendo uma fórmula simplificada, não leva em consideração a altura em que serão instaladas as lâmpadas, o que sempre é considerado nos cálculos específicos. Considera-se, neste caso, altura do pé-direito dentro da normalidade.

Cálculo da iluminação geral - simplificado
Método das eficiências

$$n = \frac{A \cdot Em \cdot Fd}{\Phi \cdot Fu \cdot (Bf)}$$

Em que

A = Área

Em = Iluminância média

Fd = Fator de depreciação

Φ = Fluxo luminoso da lâmpada

Fu = Fator de utilização

(Bf) = (Fator de iluminação do reator)

n = Número de lâmpadas

Esta fórmula é para **cálculos simplificados** e, para tanto, pode-se considerar os seguintes valores médios:

Fd = 1,25 **Fu** = 0,5

No Quadro 9.1 são apresentados os níveis de iluminância recomendáveis para interiores de acordo com a NBR 5413 e, no Quadro 9.2, o fluxo luminoso das principais lâmpadas.

QUADRO 9.1 Níveis de iluminância recomendáveis para interiores de acordo com a NBR 5413.

DESCRIÇÃO DA ATIVIDADE	ILUMINÂNCIA (EM LUX [lx])
Depósito	200
Circulação / corredores /escadas	150
Garagem	150
Residências (Cômodos gerais)	150
Sala de Leitura	500
Sala de Aula (escolas)	300
Escritórios	500
Sala de Desenhos (arquitetura / engenharia)	1.000
Lojas (vitrines)	1.000
Lojas (área de vendas)	500
Restaurantes (geral)	150
Laboratórios	500
Indústria (geral)	200
Indústria / montagem (atividade de precisão média)	500
Indústria / inspeção (controle de qualidade)	1.000
Indústria (atividade de alta precisão)	2.000

QUADRO 9.2 Fluxo luminoso das principais lâmpadas.

LÂMPADA	TENSÃO	POTÊNCIA	FLUXO LUMINOSO EM lm
Incandescente	220V	60W	715
Incandescente	220V	100W	1.350
Bellalux – Soft (leitosa)	220V	60W	640
Bellalux – Soft (leitosa)	220V	100W	1.220
Halógena Bipino	12V	20W	320
Halógena Bipino	12V	50W	930
Halopin Clara	220V	40W	490
Halopin Fosca	220V	40W	460
Halógena Lapiseira	220V	300W	5.000
Halógena Lapiseira	220V	500W	9.500
Compacta Dulux /PL-S		9W	600
Compacta Dulux / PL- D		18W	1.200
Compacta Dulux / PL - D		26W	1.800
Compacta Dulux / PL-T/E		32W	2.400
Compatca Dulux / PL -T/E		42W	3.200
Compacta Dulux L		24W	1.800
Compacta Dulux F		36W	2.800
Eletrônica Dulux / PL	220V	15W	900
Eletrônica Dulux / PL	220V	20W	1.200
Fluorescente Tubular LD		15W	840
Fluorescente Tubular LDE		20W	1.060
Fluorescente Tubular LD		30W	2.000
Fluorescente Tubular LDE		40W	2.700
Fluorescente Tubular LDE-HO		110W	8.300
Fluorescente Tubular Cor 840-HO		110W	9.350
Fluorescente Tubular T8 CW - 765		16W	1.050
Fluorescente Tubular T8 Cor 840		16W	1.200

LÂMPADA	TENSÃO	POTÊNCIA	FLUXO LUMINOSO EM lm
Fluorescente Tubular T8 CW – Cor 640		32W	2.350
Fluorescente Tubular T8 Cor 840		32W	2.700
Fluorescente Tubular T8 Cor 830		32W	3.050
Fluorescente Tubular T8 Cor 765		36W	2.500
Fluorescente Tubular T8 Cor 840		36W	3.350
Fluorescente Tubular FH T5 / Cor 840		14W	1.350
Fluorescente Tubular FH T5 / Cor 840		28W	2.900
Fluorescente Tubular FQ T5 / Cor 840		54W	5.000
Fluorescente Tubular FQ T5 / Cor 840		80W	7.000
Fluorescente Endura Cor 21 Cor 840		150W	12.000
Mercúrio - HQL		80W	3.800
Mercúrio - HQL		125W	6.300
Mercúrio - HQL		250W	13.000
Mercúrio - HQL		400W	22.000
Mercúrio - HQL		700W	38.500
Mista - HWL		160W	3.100
Mista - HWL		250W	5.600
Mista - HWL		500W	14.000
Metálica - HQI®-TS NDL		70W	6.500
Metálica - HQI®-TS WDL		70W	6.200
Metálica - HQI®-TS NDL		150W	12.500
Metálica - HQI®-TS WDL		150W	12.000
Metálica - HCI® / CDM®-TS WDL		70W	6.800
Metálica - HCI® / CDM®-TS WDL		150W	14.500

LÂMPADA	TENSÃO	POTÊNCIA	FLUXO LUMINOSO EM lm
Metálica - HCI®-T Bipino WDL		70W	6.800
Metálica - HCI®-T Bipino WDL		150W	14.500
Metálica - HQI®-T/D		250W	20.000
Metálica - HQI®-T/D		400W	35.000
Metálica - HQI®-T/D		1.000W	85.000
Metálica - HQI®-T/N		2.000W	205.000
Metálica - HQI®-TS Short/D/S		1.000W	90.000
Metálica - HQI®-TS Short/D/S		2.000W	200.000
Metálica - HQI®-E Clara NDL		70W	5.200
Metálica - HQI®-E Clara NDL		150W	12.500
Metálica - HQI®-E Leitosa NDL		70W	4.700
Metálica - HQI®-E Leitosa NDL		150W	11.500
Metálica - HQI®-E / D Leitosa		250W	19.000
Metálica - HQI®-E / D Leitosa		400W	34.000
Vapor de Sódio Tubular		150W	14.500
Vapor de Sódio Tubular		250W	27.000
Vapor de Sódio Tubular		400W	48.000
Vapor de Sódio Tubular		1.000W	13.0000
Vapor de Sódio Ovoide		70W	5600
Vapor de Sódio Ovoide		150W	14.000
Vapor de Sódio Ovoide		250W	25.000
Vapor de Sódio Ovoide		400W	47.000
Vapor de Sódio Tubular -Super		100W	10.700
Vapor de Sódio Ovoide - Super		100W	10.200
Vapor de Sódio Tubular - Super		600W	90.000

A LUZ ARTIFICIAL NA ARQUITETURA

Muito se falou na importância da luz artificial, mas se há uma área que cada vez mais trabalha seus efeitos, é a arquitetura.

Até há pouco tempo, fazia-se o projeto de um prédio e, no final da obra, quando, na maioria das vezes, a verba estava acabando, alguém lembrava que era necessário iluminar o ambiente. Vinha um eletricista e colocava algumas lâmpadas, sem ao menos saber suas características e, pronto, a obra estava finalmente (mal) acabada.

Atualmente, os pontos de luz são devidamente projetados, com descrição detalhada dos tipos de lâmpadas, luminárias e outros materiais, de forma que o produto final, o prédio, ficará valorizado e realmente acabado, bem acabado.

Utilizada como modeladora de espaços e definindo os diversos aspectos de sua utilização, a luz passou a ser preponderante no acabamento dos modernos projetos. Gosto de afirmar que a luz, bem utilizada, dá alma ao ambiente.

A luz pode balizar corredores, definir espaços físicos público e privado, bem como criar atmosferas e ambientes.

Com jogo de luz e sombras desenha-se um ambiente dramático, sério, alegre, ativo, aconchegante, descontraído, de trabalho, de lazer... Todos esses espaços podem ser definidos com elementos descritos neste livro.

Para utilizar os dados e materiais corretos de forma que o resultado seja o mais adequado e belo possível, repito mais uma vez, o profissional deverá colocar em seus projetos um elemento especial que não aprenderá em livro algum ou mesmo na faculdade, pois pode-se crescer em experiência, prática, aprimorar as técnicas, mas o detalhe principal, o que vai fazer sempre a diferença, nasce com a pessoa e é inerente a cada um. O grande diferencial na utilização da luz artificial em todas as áreas da arquitetura, aquele algo mais que enriquecerá definitivamente o projeto, é o bom senso e a sensibilidade. Use-os à vontade, com criatividade e na luz da sabedoria.

AsBAI - Associação Brasileira de Arquitetos de Iluminação

Tal é a importância da luz na arquitetura, que foi fundada a **AsBAI** com a intuito de congregar os profissionais da luz, os desenhistas de iluminação, criando assim determinadas normas de conduta, valorizando a categoria.[2]

Outra informação relevante neste aspecto é que há pouco mais de 10 anos não havia nem a disciplina de iluminação nas faculdades de arquitetura e agora já existe uma associação específica para a arquitetura de iluminação, deixando claro que, se ficamos muito tempo no escuro em relação ao tema, agora estamos recuperando o terreno. Pode-se dizer, como muita alegria, que, de forma redundante, a luz artificial e seus efeitos estão progredindo na velocidade da luz!

[2] Quando escrevi este parágrafo em 2001 a AsBAI era uma aposta. Hoje é uma iluminada realidade, que se ombreia com as grandes associações da área do mundo.

10. A hora das perguntas

Respostas e dicas para esclarecer dúvidas.

Quando chego neste ponto em minhas palestras, após apresentar os princípios e conceitos básicos de iluminação, bem como os principais tipos de lâmpadas, percorrendo um longo caminho que vai desde a descoberta do fogo como primeira fonte de luz artificial, chegando até as mais modernas formas e fontes de luz artificial, coloco a palavra à disposição da plateia, para que as dúvidas sejam sanadas.

Há casos de muitas perguntas, outros em que praticamente não há perguntas, por motivos diversos e explico em seguida o porquê dessa variação. De qualquer forma, para que as dúvidas sejam dirimidas, será feita uma simulação com as principais perguntas que ocorrem durante as palestras.

A explicação para que existam muitas ou poucas perguntas é a própria plateia, pois quando falo para universitários, sedentos de aprendizado, falta tempo para as perguntas, tal é a necessidade e, por terem consciência de que estão ali para aprender, ficam à vontade e querem tirar todas as dúvidas.

Por outro lado, quando a plateia é formada por profissionais, arquitetos, engenheiros, projetistas de iluminação, as perguntas são mínimas, pois, por uma questão de vaidade natural, um profissional não quer mostrar para os colegas que não conhece o assunto ou até pelo medo de fazer alguma pergunta fora de propósito, que denunciaria seu desconhecimento, o que, convenhamos, não deveria acontecer, pois é de conhecimento geral que o tema lâmpadas e iluminação não era ministrado nos cursos universitários e as perguntas são extremamente naturais. Infelizmente, tem havido um tipo de bloqueio para perguntas, de tal forma que eu crio uma situação, dizendo o que sei que muitos gostariam de perguntar e que por um ou outro motivo não o fazem e acabo explicando os casos, que normalmente seriam questionados.

Você que está lendo este livro agora e, por acaso, tem alguma pergunta para fazer, não se acanhe, escreva para meu e-mail, que terei o maior prazer em responder e esclarecer sua dúvida.

Confesso que quando comecei a fazer palestras sobre o tema, ficava extremamente ansioso na hora das perguntas, pelo medo de ficar devendo alguma explicação, o que seria extremamente desagradável e muito ruim para minha auto-estima de palestrante iniciante. Hoje em dia, depois de mais de 1.000 palestras, o grande e esperado momento é justamente o das perguntas, onde me sinto realizado ao explicar para os participantes, especialmente falando sobre macetes e dicas para a melhor utilização das lâmpadas e um melhor aproveitamento da iluminação artificial.

Tenho um grande orgulho – eu que não sou muito vaidoso – em dizer no início de minhas apresentações: responderei todas as perguntas e, felizmente, tenho conseguido. Claro que isto não se deve a nenhum milagre, mas fruto da experiência de longos anos trabalhando com lâmpadas e iluminação.

PERGUNTAS E RESPOSTAS

Para que tudo fique bem claro.

1. O que é a vida de uma lâmpada?

A vida de uma lâmpada é o tempo de duração média em que ela fornecerá luz e é medido em horas. Por exemplo, uma lâmpada incandescente comum dura em média 1.000 horas.

2. Falando em lâmpada incandescente, por que houve a troca de voltagem de 127 para 120V e, depois de muitas fofocas e reclamações, as fábricas voltaram a produzir as lâmpadas em 127V?

Na verdade, atendendo a uma norma brasileira, os fabricantes passaram a produzir lâmpadas incandescentes em 120V, que aliás é a voltagem utilizada em todos os países onde se aplica essa faixa de tensão, como por exemplo o maior mercado do planeta, os Estados Unidos, por ser mais econômica, uma vez que com a tensão nominal correta – 120V – tem-se um maior fluxo luminoso. A volta à tensão de 127V foi para atender aos reclames da população que, apoiada pela mídia, exigia que assim fosse feito. Os fabricantes, mesmo sabendo que a lâmpada em 127V ilumina menos, fazendo com que se necessitem mais lâmpadas para iluminar um determinado ambiente, causando um maior consumo de energia, acabaram concordando para não se incomodar. A voz do povo – e da mídia, nesse caso – foi a voz de Deus!

3. Mas a lâmpada em 127V dura mais...

Lógico, pois como a tensão nominal das concessionárias de energia é de 120V, as lâmpadas acabam durando mais, mas, infelizmente, iluminando menos. É fácil entender, pois quando se coloca uma lâmpada de 220V na tensão de 110/120V, a vida dessa lâmpada aumenta substancialmente, mas ilumina 40%, no máximo, em relação ao seu fluxo luminoso nominal.

As lâmpadas em 120V duravam menos, porque algumas concessionárias de energia não conseguem disponibilizar aos consumidores uma tensão estável, chegando a uma variação acima de 10%. Com uma variação tão grande – com a tensão chegando até mais de 135V – não tem como as lâmpadas resistirem.

Por outro lado, nas regiões onde a tensão é substancialmente menor, e que se constituem a maior parte do país, os consumidores passaram a ter lâmpadas bem mais duráveis, mas que iluminam bem menos. Esse fato traz um efeito de desperdício de energia, pois onde se tinha uma lâmpada de 60W, por exemplo, é preciso colocar uma de 100W para compensar a diminuição da iluminação, em função da disponibilização de uma tensão menor.

Com a ameaça de "apagão", cogitou-se a alteração da tensão de fabricação das lâmpadas, mas essa é uma questão superada, pois as lâmpadas são fabricadas em 127V e não veio forma de haver nova alteração, pois uma nova realidade se apresentou.

4. Que realidade é essa?

Com o advento do problema energético, ocorrido em abril de 2001, o governo passou a divulgar e incentivar a utilização de lâmpadas fluorescentes compactas em substituição às incandescentes tradicionais como forma de verdadeiramente economizar energia elétrica.[3]

5. Essas fluorescentes compactas realmente economizam energia?

Sem sombra de dúvida, pois sendo uma lâmpada de descarga, chega a poupar até 80% da energia, com a grande vantagem de ter uma vida útil muito maior. Na verdade, essas lâmpadas só são realmente econômicas quando têm uma grande vida útil, conforme relatado anteriormente. Assim, é preciso ter o cuidado de analisar, na hora da compra, qual sua durabilidade em horas, uma vez que existem lâmpadas compactas, especialmente as eletrônicas de uso doméstico, com vida útil de 15.000 horas, até lâmpadas com inexpressivas 3.000 horas.

Pode-se afirmar que lâmpadas com menos de 5.000 horas de vida útil não chegam a ser economicamente viáveis. Quanto mais longa for sua vida útil, maior será a economia na substituição das lâmpadas incandescentes.

Notem que em 2001 havia no mercado brasileiro lâmpadas com 15.000 horas de duração e atualmente, as eletrônicas com maior durabilidade, tem vida útil de 8.000 horas.

6. As lâmpadas eletrônicas podem ser utilizadas em fotocélulas?

Como a fotocélula funciona como um interruptor, lâmpadas eletrônicas podem ser utilizadas normalmente.

---

3 Quando escrevi sobre isso há mais de 10 anos, nem de longe imaginava que as lâmpadas incandescentes seriam proibidas por decreto, com a alegação de que são inimigas do meio ambiente e que causam o chamado Efeito Estufa. No livro sobre LEDs, explico detalhadamente o erro que foi essa medida, pois no lugar das "inofensivas" incandescentes, começaram a ser instaladas as lâmpadas eletrônicas ou econômicas que utilizam mercúrio para geração de luz.

Atualmente existe um movimento para que os LEDs substituam as lâmpadas fluorescente compactas. Os LEDs, sim, possuem um grande apelo ecológico por não utilizarem mercúrio na geração de luz e serem de fácil descarte.

7. Então por que essas lâmpadas não podem ser utilizadas em condomínios?

Podem e devem ser utilizadas em condomínios. O que não se pode é instalar lâmpadas fluorescentes compactas em locais com sensores de presença ou minuteiras. Como toda lâmpada fluorescente tem sua vida útil dimensionada para 8 acendimentos diários, cada acendimento reduzirá sua vida. Como nesses casos há inúmeros acendimentos diários, a lâmpada queimará em pouco tempo, inviabilizando seu uso.

Outro agravante é que, como lâmpada fluorescente que é, atingirá seu fluxo luminoso total por volta de três a quatro minutos e, nos casos citados, a lâmpada ficará acesa ou utilizada por segundos, sendo então um total desperdício.

Para esses casos não há dúvidas em se indicar a utilização de lâmpadas incandescentes em todas as suas versões. Note-se que a vida útil das lâmpadas incandescentes independe do número de acendimentos.

Em locais onde haverá muitos acendimentos e reacendimentos diários, não se deve instalar lâmpadas fluorescentes de nenhum tipo.

Obs: *Aqui novamente entra a opção dos LEDs que tem chaveamento ilimitado, ou seja, podem ser ligados e desligados sem interferência em sua vida útil.*

8. A propósito, é vantajoso deixar uma fluorescente acesa o tempo todo, ou quando sairmos do ambiente é preciso apagá-la?

Como visto acima, a fluorescente, sendo uma lâmpada de descarga, tem sua vida média dimensionada para oito acendimentos diários e, a cada acendimento a mais, terá sua vida diminuída e, contrário senso, a cada acendimento a menos, aumentará sua vida útil proporcionalmente. Assim, recomenda-se que quando a saída do ambiente for por tempo superior a 15 minutos, deve-se apagar a luz e, quando não ultrapassar esse tempo, é mais econômico deixá-la ligada.

9. Qual a melhor lâmpada para iluminar uma árvore ou uma área de vegetação?

Para iluminação de destaque de jardins, áreas verdes em geral, é importante ter em mente um aspecto muito importante, que é a radiação infravermelha existente em todo o tipo de luz, conforme exposto anteriormente e, desta forma deve-se privilegiar tipos de lâmpadas que consigam iluminar a uma boa distância do caule da árvore uma vez que o calor, representado pelo infravermelho e ainda o efeito do ultravioleta, prejudicarão o transporte da seiva que alimenta a árvore e esta adoecerá, podendo até vir a morrer – secar.

Boas indicações são refletoras do tipo Halopar ou metálicas, tendo-se o cuidado de colocá-las dentro de refletores herméticos com vidro frontal que, além de serem à prova de chuva, eliminarão grande parte da radiação ultravioleta. Mas, vale a regra: quanto mais longe do caule, melhor.

LEDs: essa novidade não existia na forma de lâmpadas refletoras quando da edição anterior deste livro e, atualmente, são muito indicadas para iluminação de vegetais, por não emitirem calor na faixa de luz, observando-se os cuidados das demais lâmpadas em relação à umidade. Equipamento com proteção contra umidade é sempre indicado.

10. Tenho uma área de piscina iluminada com lâmpadas de luz branca. No verão, é quase impossível utilizá-la em razão do grande número de insetos que, além de tudo, sujam a água, dando um trabalho danado. Qual a solução?

Uma forma bem prática de resolver esse problema é mudar a iluminação, passando a utilizar lâmpadas a vapor de sódio junto à área de banho e colocando-se lâmpadas de mercúrio afastadas da área da piscina. A luz branco-azulada das lâmpadas a vapor de mercúrio atrairá os insetos de luz, deixando-os longe da água.

É bom saber que os insetos de luz são atraídos pelo raio ultravioleta existente em abundância na luz branca. Quanto mais branca for a luz, mais ela atrairá insetos, enquanto que a temperatura de cor da luz amarelada não é vista pelo inseto.

É importante também lembrar que as lâmpadas anti-inseto existentes nos supermercados e casas especializadas são de cor amarela. Na realidade, essas lâmpadas não têm nenhum processo mágico, sendo apenas lâmpadas incandescentes pintadas de amarelo.

Luz branca atrai insetos, ao contrário da luz amarela, que não os atrai.

11. Como faço para iluminar uma área de produção, onde existe um setor de controle de qualidade com necessidade de excelente iluminação, que permita boa identificação das cores?

Muitas vezes temos uma área de fábrica para ser iluminada com 1.000 m^2 e o leigo ou o projetista mal informado, em razão da necessidade desse controle de qualidade, coloca lâmpadas HQI®, de multivapores metálicos em toda a fábrica – com um custo bem alto – quando o setor de controle de qualidade fica num pequeno local de, no máximo, 20 m^2. Para se evitar o desperdício de energia, é possível iluminar a fábrica com lâmpadas mais econômicas, como as lâmpadas a vapor de sódio, que geram um grande fluxo luminoso. E, no local específico, em que há necessidade de controlar e identificar cores ou pequenos defeitos, instalam-se lâmpadas metálicas com índice de reprodução de cores (IRC) de 92. Recordando, para uma boa identificação de cores, IRC acima de 85, e em locais onde não se necessita identificá-las privilegia-se lâmpadas com grande fluxo luminoso, independente do IRC.

12. Como faço para comprar a lâmpada eletrônica certa, ou seja, que ilumine bem e seja realmente econômica?

Fique atento às inscrições na embalagem. Identifique a vida útil, comparando-a ao preço da lâmpada. O ideal é que sejam lâmpadas com, no mínimo, 5.000 horas de duração. Veja se o IRC é de 85, bem como a temperatura de cor que não deve ser acima de 4.000K e, principalmente, prefira as marcas tradicionais que, além de ter garantia para a vida da lâmpada, ainda tem a garantia de sua marca e tradição.

13. Caso tenha o selo do Programa Nacinal de Conservação de Energia Elétrica (Procel) de qualidade, posso comprar de olhos fechados?

Não, pois o selo Procel/Inmetro (Instituto Nacional de Metrologia, Normalização e Qualidade Industrial) é apenas um dos indicadores que é um pré-requisito que identifica o produto quanto à economia de energia, ou seja, identifica uma lâmpada com eficiência energética. No entanto, existem outros parâmetros a serem considerados. Os testes do Inmetro são feitos até se atingir 2.000 horas, tornando fácil para qualquer fabricante ou importador declarar na embalagem que seu produto dura 8.000 horas, por exemplo, pois da mesma forma que será difícil provar sua durabilidade, será impossível declarar que não durará tanto, e aí está uma grande fraude a que o consumidor está sujeito. Para evitar problemas como este, é importante escolher marcas consagradas que têm um nome a zelar.

Em 2013, a qualidade das lâmpadas eletrônicas/econômicas melhorou muito e a certificação compulsória foi ampliada. Todas as marcas utilizam pó trifósforo, que resulta em boa eficiência luminosa e melhor IRC. O problema residual é que, como por muito tempo foram entregues ao público as lâmpadas muito brancas, acima de 5.000K, que com o ofuscamento induziam as pessoas a pensar que iluminavam mais, hoje há preferência de uma grande parte da população por essa cor errada para iluminar ambientes internos. Continuo indicando as cores entre 2.700K e 4.000K, como branca morna e branca neutra.

14. Comprei uma lâmpada de marca desconhecida e já está ligada há seis meses. Deve ser boa mesmo, né?

Aí pode estar um problema, pois sendo a lâmpada eletrônica dimensionada para durar mais de três anos, em geral, as pessoas acham que durando vários meses já é um bom indicativo, pois estavam acostumadas a trocarem as lâmpadas incandescentes a cada um ou dois meses. Como a garantia dada normalmente era – e é – no máximo de um ano, após esse tempo, o consumidor estava a descoberto e lamentavelmente lesado. Preferir marcas tradicionais era a indicação de então, até que os órgãos competentes passaram a testar e garantir a durabilidade do produto de modo que hoje, felizmente, ficamos mais protegidos em relação à qualidade dessas lâmpadas.

15. Quando compro uma lâmpada fluorescente, que tem vida mediana de 7.500 horas, caso queime com 5.000 horas, posso pedir que seja trocada por uma nova, por ter durado menos que o indicado?

Neste caso não há direito de troca, pois o conceito de vida média ou vida mediana pressupõe que o produto durará em média 7.500 horas, sendo que algumas lâmpadas podem queimar com 5.000 horas de uso e outras, com 11.000 horas e, ainda, outras com 7.000 horas, ou seja, na média, durará cerca de 7.500 horas.

16. Você falou em vida média e noto que em algumas embalagens e nos próprios catálogos dos fabricantes aparece o termo vida mediana. Tem alguma diferença ou é só terminologia?

A diferença é conceitual. No conceito americano, o termo utilizado é o de vida mediana, conforme já explicado: instalam-se 10 lâmpadas e quando queimar a 5ª lâmpada, conta-se o tempo em horas e esta será a vida mediana. No conceito europeu, ligam-se 10 lâmpadas e anota-se o tempo de permanência acesa até a queima de cada uma, dividindo-se o resultado pelo número de lâmpadas testadas. Assim, o conceito de vida média resultará em um número menor que o de vida mediana. Desta forma, é preciso ter cuidado, pois poderemos comprar uma lâmpada com vida mediana de 8.000 horas, pensando que durará mais que uma lâmpada que indique 7.500 horas de vida média. Em geral, o conceito de vida mediana resulta em 50% mais tempo do que o de vida média. Uma determinada lâmpada apresentará como vida média 10.000 horas e vida mediana de aproximadamente 15.000 horas. Para uma boa comparação deve-se considerar essa diferença, procurando identificá-las dentro do mesmo critério.

Existe ainda o conceito de vida útil ou relação custo/benefício, também já explicado e mais utilizado para lâmpadas de iluminação pública e, mais modernamente, nos LEDs.

Certa feita, numa palestra, diante da explicação acima, não tendo entendido bem, o expectador disse: então eu só vou usar lâmpadas que tenham vida mediana (!?).

Espero que depois da devida explicação, ninguém esteja pensando assim, mas enfatizando: a lâmpada é a mesma, a vida útil também, o que muda é a forma de medição. A diferença é conceitual.

17. Poderia, por favor, repetir o que é vida útil no conceito custo/benefício?

Instalam-se numa avenida diversas lâmpadas. Quando, por definição, o fluxo luminoso estiver com sua depreciação acentuada, trocam-se todas as lâmpadas instaladas no local para reduzir o custo de manutenção. O tempo que decorre da instalação até a troca pela depreciação do fluxo luminoso é o custo/benefício. Procedendo assim, evita-se aquele desagradável queima-queima de lâmpadas, pois a partir de determinado momento, as lâmpadas queimarão seguidamente, além de estarem iluminando menos.

Normalmente, a troca é efetuada quando o sistema atinge 70% do fluxo luminoso inicial.

18. Como posso calcular em dias o tempo de vida de uma lâmpada?

Basta verificar no catálogo ou na embalagem o tempo de vida em horas e dividir pelo tempo que a lâmpada ficará ligada diariamente, resultando então no número de dias que durará aquela determinada lâmpada. É importante relembrar que o tempo indicado no catálogo e na embalagem é de vida média/mediana e não absoluta (p. ex. uma lâmpada incandescente de 1.000 horas, ligada 5 horas por dia, deverá durar cerca de 200 dias).

No caso das lâmpadas fluorescentes e outras lâmpadas de descarga, deve-se considerar também o número de acendimentos, conforme citado anteriormente.

19. Qual a melhor solução para uma câmara fria?

Como lâmpadas de descarga não resistem bem em baixas temperaturas, a melhor solução é, sem dúvida, a colocação de lâmpadas incandescentes.

Deve-se considerar, também, que o regime de trabalho de uma câmara fria é de entra e sai, com a porta abrindo e fechando. O acende e apaga fica muito bem com incandescentes, sendo contra-indicado para fluorescentes, lâmpadas de mercúrio, sódio ou outras lâmpadas de descarga, conforme já visto, pelo número de reacendimentos que abreviará sua vida útil.

Quando a temperatura não for muito baixa, podemos colocar uma lâmpada a vapor de mercúrio de 400W que fique acesa, mesclando com incandescentes que se acenderão ao abrir a porta.

LEDs again: este é um ambiente no qual o LED funciona muito bem, pois quanto mais frio, melhor o funcionamento e a durabilidade de um LED e, ainda, aceita o liga e desliga sem interferência na sua vida útil. Nem de longe eu imaginaria isso quando escrevi o texto da primeira edição deste livro, há mais de dez anos.

20. E para iluminar um supermercado?

Para iluminar supermercados, a preferência ainda é pelo sistema fluorescente, especialmente as do tipo HO 110W, cor 840 (4.000K) nos locais com pé direito mais alto e, quando não for de grande altura, utilizam-se as fluorescentes de bulbo T8 de 32W ou 36W.

Há casos de hipermercados sofisticados, com várias alturas de pé direito, onde são combinados vários tipos de fluorescentes, das HO 110W, passando pelas T8 de 32W ou 36W, chegando nas 16W ou 18W para os locais de pé direito mais baixos ou tetos rebaixados. Nesses ambientes grandes, aplica-se também fluorescentes compactas de 26W em luminárias duplas, misturadas com as fluorescentes de 32W ou 36W.

Para iluminar a área de frutas e verduras, instalam-se lâmpadas metálicas do tipo HQI®-E de 150W, cuja iluminação destaca os produtos e suas cores.

As lâmpadas metálicas de tubo cerâmico, tipo CDM®/HCI®/CMH®, atualmente substituem com vantagem as metálicas de tubo de quartzo, tipo HQI®, citadas no parágrafo anterior.

Existem hipermercados que já estão utilizando fluorescentes de última geração do tipo T5 de 54W ou de 80W em substituição às HO de 110W. As grandes redes de supermercados, optando por essa moderna solução, estão economizando a médio e longo prazo, pela durabilidade da lâmpada – até 25.000 horas – e conseguindo uma iluminação moderna, elegante e muito eficiente

A redução do trabalho de manutenção é um fator que define a grande vantagem desse sistema. É uma simples questão de conscientização da relação custo/benefício, para que todas as grandes redes de supermercados substituam os sistemas instalados pelas modernas e eficientes fluorescentes T5.

Atualmente, quando estou escrevendo essa nova edição (2013), as T5 de 54W e as de 80W tomaram conta das iluminações de grandes áreas, como supermercados, quando a preferência é por iluminação fluorescente. Onde se lê HO 110W, acima, a opção passou a ser, efetivamente, lâmpadas fluorescentes T5, especialmente de as de 80W.

Em lojas com menor pé direito, podem ser utilizadas as lâmpadas

T5 de 28W, bem como as de 14W para os tetos rebaixados na frente dos caixas.

Um super/hipermercado iluminado adequadamente, como o do exemplo acima, atrai e retém o público na loja, fazendo-o comprar mais do que inicialmente gostaria. Iluminação é fator de boas vendas. Pode-se dizer que uma iluminação adequada é o *melhor vendedor* do uma loja.

Há algum tempo, houve uma invasão de um modismo americano, instalando-se luminárias prismáticas de policarbonato com lâmpadas metálicas transparentes de 250W ou 400W. O resultado desse tipo de iluminação é catastrófico no que diz respeito ao conforto visual, pois ocasionam muito ofuscamento por serem lâmpadas translúcidas. Causa um mal-estar aos clientes na loja que acabam ficando no local por pouco tempo e reduzindo a quantidade de produtos comprados, o que é natural. Esse problema é ainda maior em lojas com pé direito reduzido.

Caso você tenha um local assim iluminado, querendo evitar a troca de todo o equipamento – que sempre é muito caro – sugiro trocar essas lâmpadas por metálicas do tipo HQI®-E que são silicadas – leitosas – propiciando uma iluminação mais difusa.

As lâmpadas metálicas de tubo cerâmico, neste caso, também passam a ser preferidas, em razão da sua maior estabilidade de cor de luz até o fim da vida da lâmpada.

21. Para iluminação de um estacionamento em shopping de alto luxo, o que devo usar?

Sem dúvida, para não errar, devem ser instaladas lâmpadas a vapor de sódio, que têm um excelente fluxo luminoso e consome pouca energia. Além de tudo, como não há necessidade de boa reprodução de cores num estacionamento, a luz amarela dá um destaque na área.

LEDs para esses casos serão a próxima atração, justamente pelo conceito de economia de energia e durabilidade.

22. Penso que até já falaste (escreveste), mas para iluminar locais de práticas de esporte, como ginásios poliesportivos, estádios de futebol, quadras de tênis, qual a lâmpada ideal?

Este é um caso em que não há muita escolha. Sempre terão que ser instaladas lâmpadas metálicas em todas as suas potências e tipos, desde as HQI® de 250W para pequenas quadras, passando pelas HQI® de 400W na maioria dos casos, até as de potências acima de 1.000W, para estádios de futebol. Muitos estádios são iluminados com HQI® de 2.000W, mas o mais moderno é a instalação das lâmpadas do tipo *short* de 1.000W e 2.000W. Em pequenas quadras de esportes amadores, pode-se até permitir a licenciosidade luminotécnica de instalar lâmpadas a vapor de mercúrio, mas apenas em locais de esporte por lazer, que no futebol se chama de "pelada".

Em quadras profissionais, utilizar sempre lâmpadas de multivapores metálicos.

23. Posso iluminar um escritório com refletoras tipo dicroica ou mesmo Halopar?

Lâmpadas incandescentes de qualquer tipo não são eficientes energeticamente e, somando-se a maior exigência do sistema de ar condicionado, haverá desperdício de energia, o que aumentará muito os custos.

Escritórios devem ser iluminados com fluorescentes, em qualquer de suas opções, sendo a melhor e mais moderna a FH-T5 de 28W que, tendo um bulbo mais fino e menor no comprimento, permite o uso em luminárias menores e mais elegantes.

As fluorescentes de bulbo T8 de 32W ou 36W continuam sendo a alternativa mais utilizada, pois as T5 ainda têm um custo inicial aparentemente elevado, custo esse que se amortizará pela economia de energia e pela longa durabilidade – até 25.000 horas. Em todos os casos, as fluorescentes devem ter pó trifósforo e cor 840 – 4.000K.

Existem, atualmente, luminárias fluorescentes que reduzem e praticamente eliminam o ofuscamento, sempre prejudicial nos modernos escritórios em função da reflexão nas telas dos computadores. Utilizando as luminárias com *louvers* parabólicos, haverá melhor conforto visual.

Para iluminação de apoio nas escrivaninhas, quando necessário, pode ser instalado um dos muitos modelos de luminárias de mesa, preferencialmente com fluorescente compacta ou LEDs.

24. E lojas de roupas?

Independente de ser loja masculina ou feminina deve-se escolher lâmpadas para iluminação geral que permitam um ambiente aconchegante. Para isso, devem ser lâmpadas e luminárias que propiciem a difusão da luz, diminuindo e, se possível, eliminando o efeito de ofuscamento.

Lâmpadas fluorescentes compactas convencionais do tipo D de 18W ou 26W foram as mais utilizadas até há pouco tempo, especialmente em luminárias cilíndricas com alojamento para duas lâmpadas, junto com as do tipo compactas T de 32W, deixando o conjunto lâmpada /luminária mais reduzido. O que valia para dez anos atrás, hoje fica quase sem sentido, pois o baixo preço das eletrônicas com base E-27 fez com que elas tomassem conta do mercado, no lugar das compactas convencionais de pinos e sua utilização em grandes espaços foi drasticamente reduzida.

Na sequência, a opção passou a ser utilização de lâmpadas fluorescente tubulares T5 e, com mais força, as metálicas de refletoras de tubo cerâmico, tipo CDM®-R, HCI®-Par. Em razão de sua grande eficiência nos conceitos IRC e intensidade luminosa, aliadas a boa temperatura de cor, atualmente são as preferidas das lojas, magazines e boutiques. Em outras palavras, essas lâmpadas tomaram conta de todo o mercado de ambientes comerciais.

O cuidado terá ser tomado é o de não colocar o mesmo nível de iluminamento da vitrine na loja, pois isso causa transtornos aos clientes que se sentem como se fossem o manequim da vitrine, dentro da lógica que luz em demasia incomoda.

Para iluminação de destaque, utilizavam-se dicroicas e Halospot AR 111 ou AR 70. Agora, se utilizam as lâmpadas AR 111 metálicas de tubo cerâmico, também, junto com as PAR que vimos acima, com foco mais fechado, já que para iluminação geral, as lâmpadas com maior abertura de foco são preferidas e mais indicadas. Tudo isso dependendo da altura do pé-direito.

No caso da vitrine, a melhor solução era a colocação de refletores com lâmpadas metálicas tipo HQI®-TS de 70W ou 150W, sempre com vidro de proteção frontal para atenuar o efeito do raio ultravioleta, o qual provoca desbotamento nos tecidos. Para dar profundidade e destaque nos manequins e mercadorias expostas, joga-se um facho de luz mais quente, preferencialmente de uma Halospot AR 111.

Para destacar produtos dentro da loja, utilizam-se também Halospot AR ou dicroicas, tendo-se o cuidado de **não** aproximar a lâmpada dos produtos, pois aprendemos neste livro que toda a luz emite ultravioleta e infravermelho, que provocarão danos aos materiais expostos, tanto tecidos, como couros etc.

Tem uma história de um conhecido projetista de iluminação que, sabendo da novidade das Halospot AR 111, colocou uma bateria de oito lâmpadas com proximidade de pouco mais de um metro dos tecidos. Resultado: Em menos de uma semana, ficaram gravados oito círculos desbotados nos produtos.

Cuidado! Lâmpadas devem ficar sempre o mais distante possível dos objetos a serem iluminados, especialmente se forem incandescentes e halógenas.

Dá para perceber que em uma década, a iluminação de vitrines mudou muito e a preferência atual é pelas metálicas refletoras de tubo cerâmico para iluminação de destaque, citadas anteriormente.

A recente chegada dos LEDs em lâmpadas refletoras resolve o problema de desbotamento dos artigos expostos, por não emitir calor na faixa de luz (IR/UV).

25. O que você pensa sobre iluminar um dormitório com fluorescentes tubulares?

É possível iluminar, de forma indireta, colocando as fluorescentes em sancas. Porém, sempre as do tipo T8, com pó trifósforo e com temperatura de cor baixa, nunca acima de 4.000K. Os reatores devem ser eletrônicos de alta *performance* e de boa qualidade para que se evitem ruídos desagradáveis quando em funcionamento. A complementação da iluminação se dará de forma direta para leitura e escrivaninha, com lâmpadas fluorescentes compactas, halógenas dicroicas ou mesmo LEDs.

No caso de fluorescentes compactas, deve-se ter o cuidado para que sua aplicação seja em luminárias que as escondam, deixando aparecer apenas o efeito de sua luz e também em temperatura de cor baixa, pois estamos em um dormitório, lugar de relaxamento e descanso.

26. O que usar para luz indicativa de escadas em casas de espetáculos, teatros, cinemas entre outros?

Atualmente, a melhor opção são os LEDs. As razões são a sua versatilidade, a não emissão de calor, durabilidade em torno de 50.000 horas e baixo consumo de energia, que resultam numa iluminação adequada e extremamente econômica, tanto no consumo de energia quanto pela ausência de manutenção.

27. Que lâmpadas utilizar para iluminar obras de arte?

Devem ser utilizadas lâmpadas que emitam a menor quantidade possível de radiação ultravioleta (UV) e infravermelho (IR, do inglês *infrared*) para evitar a deterioração das peças, além de iluminarem à distância para que o calor - infravermelho - não chegue ao objeto ou chegue em quantidade mínima e não prejudicial. Filtros especiais de UV. e IR também são recomendáveis.

Novamente, os LEDs chegaram para resolver o problema desse tipo de iluminação pela quase inexistente emissão de calor na faixa de luz e, especialmente, por não emitirem UV e IR.

Os museus agradecem a chegada dos LEDs.

28. O mercúrio das fluorescentes faz mal à saúde?

O mercúrio é um metal pesado e, como tal, prejudicial ao meio ambiente. Porém, no caso da saúde, existem muitos aspectos a serem considerados além de muitas lendas sobre o assunto.

Durante o racionamento de energia ocorrido no ano de 2001, apareceram muitos entendidos em lâmpadas que, em horário nobre, diziam alguns absurdos com autoridade. Certa feita, um "professor" disse que se uma pessoa quebrasse uma lâmpada fluorescente tubular numa bancada, na altura de sua barriga, o mercúrio penetraria em seu organismo, causando-lhe malefícios.

A verdade é que o mercúrio, sendo um metal pesado muito denso, não consegue penetrar no organismo pela pele facilmente. A principal forma de absorção é pelas vias aéreas e, claro, na forma de vapor. Acontece que o mercúrio só se vaporiza em temperaturas altas e, mesmo assim, sendo pesado, tem a tendência de cair. Tecnicamente, afirma-se que para uma pessoa ser contaminada minimamente por mercúrio, na situação citada, ou seja, quebrando lâmpadas numa bancada – o que na prática não acontece – teria que ficar anos e anos fazendo apenas esse trabalho em local com alta temperatura.

No caso de contaminação do meio ambiente, há muita preocupação, tanto que hoje existem empresas recicladoras de lâmpadas de descarga que subsistem em função desse trabalho. Recolhem as lâmpadas, reciclam os materiais, especialmente o mercúrio, e o vendem novamente para os fabricantes. Esse processo de reciclagem cria novos empregos pela formação de novas empresas que são controladas, licenciadas e fiscalizadas por órgãos oficiais.

29. Fluorescentes fazem mal à visão?

Até há algum tempo, as fluorescentes utilizavam em seu funcionamento reatores eletromagnéticos que, como vimos no capítulo Reatores eletrônicos, funcionam em 60 ciclos – hertz, provocando o efeito estroboscópico e de cintilação da luz. Esses efeitos são realmente prejudiciais à visão por causarem cansaço visual e pela intermitência da luz que pode não ser visível aos nossos olhos, mas cujos efeitos são captados pelo cérebro, o que causa esse desconforto.

Modernamente, funcionando com reatores eletrônicos de alta frequência, na faixa de 35.000 ciclos, esse efeito é eliminado. Dessa forma, afirma-se que lâmpadas fluorescentes, quando operam com reator eletrônico, não fazem mal à visão.

30. Na quadra de esportes que eu jogo, as lâmpadas mistas vivem apagando e depois demoram a reacender. Por quê?

As lâmpadas mistas, por não utilizarem reatores, são muito sensíveis a qualquer variação de voltagem. Quando a tensão cai para menos de 200V, a lâmpada apaga, e para o reacendimento há necessidade de resfriamento da mesma para que o mercúrio se consolide. Em geral, esse tempo é de três a quatro minutos. Por essa razão, a lâmpada mista não é recomendada para iluminação de quadras de esportes. Aliás, a lâmpada mista é uma lâmpada que resiste a sair de cena, mas, como vimos, é decadente em sua utilização e tende a desaparecer com o tempo.

31. Trabalho em um laboratório com materiais sensíveis à radiação ultravioleta e preciso utilizar uma lâmpada com a menor emissão possível deste raio. Qual a opção?

As lâmpadas com menor emissão de UV são as de filamento incandescente. Resta apenas verificar se os materiais citados não serão prejudicados pelo calor emitido por esse tipo de lâmpada.

Esta é outra pergunta cuja resposta muda pela atualidade dos **LEDs.** Lâmpadas de LEDs não emitem UV na faixa de luz.

32. Com o advento de tantas novas tecnologias em lâmpadas, inclusive os novos conceitos de iluminação como LEDs, as históricas incandescentes desaparecerão?

Com certeza não se pensa nisso, pois existem situações em que as incandescentes são e serão, por muito tempo, insubstituíveis, pelos aspectos decorativos, onde são muito utilizadas, especialmente as incandescentes halógenas. Mesmo as incandescentes comuns viverão conosco por muitos e muitos anos. Haverá, sim, uma redução paulatina de seu uso, especialmente pela troca por fluorescentes compactas.

Outra resposta que esta revisão de 2013 impõe: Como já observado, as incandescentes comuns estão sendo proibidas em todo o mundo por decreto. Imagina-se que até 2016 esse desaparecimento, que muitos lamentam – incluindo este amigo de vocês – seja consumado. As incandescentes halógenas escaparam desse massacre ideológico/ecológico, pela sua concepção de economia de energia.

33. O que é mais importante: beleza ou economia de energia?

Por falar em beleza, esta é uma bela pergunta, pois permite que eu recorde ao leitor que estaremos sempre diante do dilema: beleza X funcionalidade X economia de energia. O bom senso terá sempre que decidir. Quando se conseguir aliar a estética da iluminação com economia de energia, se estará atingindo o objetivo maior de todo o nosso trabalho de iluminadores.

34. Por que nos EUA a tensão é 120V e aqui no Brasil é 127V?

A tensão nominal no Brasil indicado nos produtos é 127V, porém, a tensão real, em horário de pico, nas principais capitais, é de cerca de 116V, e, em alguns momentos durante o dia, chega a até 136V. Na prática, o que aqui se faz é superdimensionar os produtos para que eles não queimem pela grande variação da tensão. Se no Brasil tivéssemos fornecimento de energia elétrica de qualidade e estável em todas as regiões, nossa tensão nominal poderia, a exemplo de muitos países do mundo, ser de 120V. Os produtos então seriam produzidos na tensão correta, o que propiciaria economia de energia, por seu maior rendimento luminoso.

No caso das lâmpadas, quando se aplica uma tensão menor, ela passa a durar mais, mas ilumina bem menos, fazendo com que se tenha que utilizar lâmpadas com maior potência para conseguir a iluminação desejada Isso causa desperdício de energia, o que não é compensado pela maior durabilidade das lâmpadas. Isto já foi provado por meio de muitos estudos específicos.

Desta forma, as lâmpadas deveriam ser produzidas em 120V e a tensão oferecida pelas concessionárias, igualmente de 120V, para que tivessem sua durabilidade respeitada, conforme vida média especificada, iluminando na medida certa e com consumo de energia adequado, sem desperdício: eficiência luminosa e economia de energia convivendo naturalmente.

35. Instalei um reator marca X e lâmpada marca Y. Como não funcionou, troquei a lâmpada por uma de outra marca e acendeu. O problema era na lâmpada, certo?

Errado. Numa situação dessas, o mais fácil é trocar a lâmpada, mas o melhor seria, além de trocar a lâmpada, pegar aquela que não estava acendendo e ligá-la a um reator de outra marca para se ter uma noção um pouco melhor de onde possa estar o problema. O correto mesmo é que se remeta a lâmpada que não acendeu para o laboratório da fábrica, fazendo o mesmo com o reator, para avaliar com exatidão onde está o problema.

A lâmpada, sendo um produto elétrico, trabalha com determinados parâmetros para seu funcionamento. Muitas vezes, o reator está com corrente alterada ou mesmo a sua tensão e uma determinada lâmpada está com folga, ou seja, dentro do limite máximo de corrente, por exemplo, e funciona com aquele reator defeituoso. Outra lâmpada, independente de marca, está dentro do limite inferior e não acende, deixando-nos com a falsa impressão de que aquela determinada marca de lâmpada é melhor ou que a outra está com defeito.

Em iluminação não existe verdade aparente que seja definitiva. Há que analisar sempre caso a caso. O que é verdade num caso, pode não ser para outro, mesmo que sejam, aparentemente, semelhantes. Lembre sempre desta afirmação axiomática: "Acende, mas não funciona".

Uma lâmpada pode acender com um reator defeituoso, mas não funcionará por muito tempo, fazendo com que queime antes do tempo ou mesmo deixe simplesmente de funcionar.

36. Todas as lâmpadas chinesas são de má qualidade?

Apesar de grande quantidade de lâmpadas asiáticas serem de péssima qualidade, atualmente já existem algumas de boa qualidade (Figura 10.1). Tanto é assim, que a própria Osram® tem fábrica na China, o mesmo acontece com a Philips® que tem associação com uma fábrica chinesa.

Como acontece na economia mundial, com o tempo, os países vão melhorando a qualidade de seus produtos, como aconteceu com o Japão, que hoje é sinônimo de qualidade enquanto que no início de sua industrialização só fazia cópias de baixa qualidade de produtos tradicionais de outros países.

FIGURA 10.1 *Lâmpadas compactas triplas (três tubos) devem ter preferência.*

A má fama das lâmpadas chinesas tem origem na avalanche de importação ocorrida com a reabertura do mercado brasileiro em 1994. Começou a aportar por aqui uma quantidade enorme de lâmpadas cujo único parâmetro era o preço muito baixo. Felizmente, chegaram muitas lâmpadas incandescentes que queimavam em poucos dias, deixando o consumidor prevenido quanto a sua qualidade e, em pouco tempo, as lâmpadas incandescentes de origem chinesa ou de outros países asiáticos perderam credibilidade e, hoje, praticamente desapareceram do mercado. Existe uma ou outra marca que ainda insiste em permanecer no mercado, usando alguns artifícios para evitar a queima rápida, prolongando um pouco mais a vida, sem chegar aos níveis de uma lâmpada normal. Um artifício muito utilizado é o de engrossar o filamento, estampando na lâmpada que a tensão é de 130V ou 240V. Na realidade, este tipo de lâmpada em 130V ou 240V iluminará muito menos que as lâmpadas normais e consumirá mais energia.

Por outro lado, infelizmente, chegaram também muitas lâmpadas fluorescentes compactas eletrônicas de má qualidade. Quando se falava para algum consumidor que tinha comprado uma lâmpada chinesa de má qualidade, vinha a resposta de que ela já estava instalada há mais de seis meses e que ainda estava acendendo. Aí é que estava e está o grande engodo, o grande prejuízo ao consumidor: uma lâmpada eletrônica tem que durar três ou quatro anos, mas como estava durando mais que uma incandescente, parecia ser boa. Essas lâmpadas chinesas de baixa qualidade, quando acendem, duram pouco em relação às lâmpadas de qualidade. Uma lâmpada que deve durar quatro anos, estava durando seis meses. O consumidor encontrava-se satisfeito mas... enganado.

Na medida em que os produtos chineses melhoram sua qualidade, os preços ficam mais elevados, pois é impossível produzir com qualidade e preço muito baixo. Assim, desconfiem de lâmpadas que custam muito pouco na comparação com as marcas tradicionais.

Atualizando a informação: atualmente todas as marcas comercializadas no Brasil são, sim, de origem chinesa, mas com melhor qualidade e controladas pela Certificação Compulsória, citada anteriormente.

37. E como saberei a diferença? Como não comprar gato por lebre?

Preste atenção em alguns detalhes fundamentais que estão na embalagem e são descritos a seguir:

- Selo Procel de qualidade;
- Vida mediana da lâmpada: o ideal é que seja acima de 5.000 horas;
- O IRC tem que ser de 85;

- A temperatura de cor deve ser de, no máximo, 4.000K (infelizmente, na maioria das eletrônicas oferecidas atualmente, a cor branca é de 6.500K, um horror!).

Existem outros detalhes, mas os citados são os fundamentais, pois dificilmente uma lâmpada asiática de má qualidade possui essas características. Em geral, essas lâmpadas tem vida mediana de 3.000 horas e temperatura de cor acima de 6.000K, proporcionando uma luz muito branca de excessivo ofuscamento, que sabemos, não é o indicado para residências e ambientes internos.

Na dúvida, compre as marcas tradicionais de lâmpadas, verificando os dados acima. Assim, não estará comprando gato por lebre.

Outra boa medida é dividir o preço da lâmpada pelo número de horas de sua vida útil, pois uma lâmpada de 6.000 horas custando R$ 15,00 é muito mais barata do que uma de 3.000 horas que custe R$ 10,00. Comparando-se a durabilidade, a primeira – de 6.000 horas – custará R$ 7,50 para cada 3.000 horas, ou seja, 25% mais barata.

O conceito de marcas tradicionais em fluorescentes compactas eletrônicas mudou e, hoje, temos várias marcas que começaram e crescer a partir de 2001 e se firmaram: Taschibra®, Empalux®, FLC®, Golden® e Ourolux® para citar as que mais aparecem nas gôndolas de lojas e que vieram a se somar à Osram®, Philips®, GE® e Sylvania®. Mesmo empresas de luminárias têm sua marca de eletrônicas, como é o caso da Luminárias Blumenau e até empresas de ferramentas, como a Famastil®. Em outras palavras, as marcas se multiplicaram, sem contar as marcas próprias dos grandes varejos, que são incontáveis. Todas devidamente certificadas e controladas pelo Procel. Ao menos a regra atual é essa.

38. Qual o tipo de lâmpada utilizada para queimar chapas de serigrafia na indústria gráfica?

Para fazer tal trabalho, é necessária uma boa emissão de raio ultravioleta e, sendo assim, utiliza-se uma lâmpada a vapor de mercúrio que na sua construção deixa o bulbo externo transparente, sem a pintura fluorescente. Como visto no início, a camada fluorescente é que transforma o raio ultravioleta em luz visível e, não tendo a pintura, a lâmpada emitirá apenas o UV que fará a queima da chapa.

39. Estudo numa faculdade de arquitetura e não há uma disciplina de iluminação artificial. Por quê?

Lembro ter comentado que, felizmente, hoje, a maioria das faculdades de arquitetura incluiu em seus currículos a disciplina de iluminação artificial. Uma ou outra que ainda não tenha essa disciplina, com certeza estará formalizando sua inclusão no curso, pois é bem claro que, na atualidade, é impossível fazer um projeto arquitetônico sem conhecimentos de lâmpadas e iluminação.

Até há alguns anos, não havia tanta necessidade, pois nossa vida era ao ar livre. Hoje, porém, vivemos dentro de ambientes fechados: compramos em *shoppings centers* e lá também vamos ao cinema e ao teatro; moramos em condomínios de apartamentos; trabalhamos em conjuntos comerciais, enfim, vivemos enclausurados.

Por isso, hoje, o tema da iluminação artificial é tão importante. Essa importância gerou outras necessidades, tais como conforto visual, beleza, funcionalidade e economia de energia que determinam a extrema necessidade do estudo da iluminação artificial.

Quando comecei a fazer palestras, iniciava dizendo que era lamentável que a disciplina de iluminação artificial ainda não existisse nas universidades.

O leitor pode avaliar a minha alegria e satisfação – como especialista que tanto lutou por essa implantação – de fazer apresentações e palestras nas faculdades, justamente para alunos da disciplina de iluminação artificial (que tem várias denominações), mas que trata efetivamente de luz artificial, suas aplicações e seus efeitos.

Mantenho na íntegra a resposta acima, por ser emblemática na história da iluminação artificial-elétrica no Brasil. Vejam que, decorridos um pouco mais de dez anos, temos, hoje, inúmeros cursos de pós-graduação em iluminação e até de mestrado.

Na verdade, o anseio por mais informação e formação na matéria que contribuiu para que isso acontecesse e, os próprios livros, que escrevi na sequência deste, tiveram origem no crescimento dos cursos de graduação e pós-graduação em iluminação e a natural necessidade de terem material didático, onde os livros cumprem esse papel essencial.

40. Antigamente, sempre via luminárias duplas fluorescentes, com uma lâmpada branco-azulada (luz do dia) e outra branca tendendo ao amarelado (branca fria). Sempre ouvi dizer que essa prática era boa, mas sem saber o motivo.

Era uma lenda afirmando que, assim procedendo, estaríamos melhorando o conforto e evitando problemas visuais. Esta afirmação nunca teve nenhum indicativo técnico, apenas fazia uma mistura de cores que em nada ajudava a visão e, ainda, prejudicava a estética do ambiente. Experimente olhar para um ambiente onde, inadvertidamente, são colocadas lâmpadas fluorescentes de várias tonalidades e veja que fica um verdadeiro carnaval.

41. A luz de baixa temperatura de cor é relaxante. É por isso que antigamente existia a famosa "casa da luz vermelha"?

Com certeza! Os antigos donos de bordéis não eram propriamente especialistas em iluminação, mas já sabiam empiricamente deste fenômeno e colocavam luz vermelha ou muito próxima dessa cor. Os clientes, dentro daquele ambiente, ficavam bem relaxados o que possibilitava que as "gurias" os fizessem gastar bastante.

Atualmente, as modernas casas noturnas também se utilizam dessa prática, mas claro que, agora, devidamente orientadas por projetistas de iluminação e utilizando lâmpadas de última geração.

42. Tenho que instalar 300 lâmpadas fluorescentes compactas em uma loja. Posso usar as eletrônicas com reator incorporado?

Para uma loja com tantas lâmpadas, devem ser utilizadas fluorescentes compactas do tipo Dulux/PL D ou Dulux/PL T que funcionam com reator separado, sendo que o reator pode ser eletromagnético ou, se a lâmpada for de quatro pinos, eletrônico de alta *performance*.

O problema de grandes instalações é que as fluorescentes compactas são de baixo fator de potência e, no caso das eletrônicas, o fator de potência não pode ser corrigido. Por outro lado, nas compactas tradicionais com reator separado, pode-se corrigir o fator de potência individualmente ou por um banco de capacitores.

Outra vantagem das compactas convencionais é que, na queima da lâmpada ou do reator, troca-se apenas o que queimou, sendo um fator de economia real enquanto que nas eletrônicas o conjunto todo necessita ser trocado.

Residências e pequenas instalações: fluorescentes compactas eletrônicas com reator incorporado.

Instalações que utilizam maior quantidade de lâmpadas: fluorescentes compactas convencionais com reator separado.

Pela comodidade do preço baixo, a grande maioria das luminárias embutidas tem, atualmente, soquete E-27, ou seja, para lâmpadas compactas eletrônicas. É importante ficar atento ao fato de que essas lâmpadas eletrônicas com base E-27 não podem ter seu fator de potência corrigido, o que provocará problemas com a concessionária de energia pelo desvio de demanda. Para grandes instalações, o fator de potência deve ser alto, ou seja, acima de 0,90 ou, mais precisamente, próximo de 1.

43. Estive numa feira de iluminação e vi uma lâmpada que parece um azulejo luminoso. Que lâmpada é essa?

Essa é uma Planon®, produto desenvolvido pela Osram® na Alemanha. Trata-se de uma fluorescente plana de alto rendimento energético. É uma lâmpada que teve como concepção ser decorativa, embora, atualmente, ser utilizada em tela de computadores (*notebook*) e em sinais luminosos de metrôs, ônibus e outras comunicações visuais.

Até hoje, quando escrevo essa atualização do livro, esse tipo de lâmpada não apareceu no mercado brasileiro. Essa função hoje é exercida pelos LEDs e mais precisamente por Organic LEDs (OLEDs).

44. Caso tivesse que resumir economia de energia em dois tipos de lâmpadas, quais seriam as indicadas?

- **Iluminação residencial:** fluorescentes, especialmente as compactas.
- **Industrial e iluminação pública:** vapor de sódio.

Tanto é assim, que esses dois tipos de lâmpadas foram escolhidos pelo governo para economizar energia. O Procel, que é um órgão do

Governo Federal, financia iluminação pública com lâmpadas a vapor de sódio por meio do Projeto Reluz, em que são substituídos outros tipos de lâmpadas por lâmpadas a vapor de sódio.

O Procel também incentivou a distribuição de fluorescentes compactas eletrônicas de forma gratuita para moradores de residências de baixa renda, com foco na efetiva economia de energia.

Atualmente, os LEDs se impuseram no mercado e conseguem conjugar aplicações tanto em ambientes internos como externos. No que se refere à economia de energia, os LEDs disputam o mercado com as lâmpadas fluorescentes e as a vapor de sódio.

45. A fórmula simplificada apresentada para o cálculo da quantidade de lâmpadas é útil, mas se for necessário algo mais para um projeto mais sofisticado, como faço?

Como mencionado quando se apresentou a fórmula, sempre há que se consultar e contratar um especialista em iluminação, que pode ser você. Se ainda assim faltar subsídio para o cálculo, utiliza-se o software da fábrica de lâmpada/luminária cuja marca será utilizada.

Quando estamos doentes podemos tomar um remédio numa explícita automedicação, que em alguns casos até funciona, mas se o caso for mais grave, não tem jeito, temos de chamar o médico.

No primeiro caso, faremos a iluminação por simplificação – automedicação – e, no segundo, chamamos o especialista em iluminação – o médico.

Este especialista tem muitos nomes, tais como Arquiteto de Iluminação, *Lighting Designer, Projetista de Iluminação* etc., todos com a mesma função de projetar e aplicar os melhores conceitos de lâmpadas e luminárias no ambiente, com criatividade e sensibilidade.

46. Voltando à questão de iluminação de lojas, como deve ser a iluminação dos provadores?

O grande cuidado que se deve ter é para que a iluminação seja difusa, com ótima reprodução de cores, podendo ser qualquer tipo de fluorescente, até mesmo as compactas, mas sempre com pó trifósforo, pois sabemos de casos em que se colocaram fluorescentes comuns no provador que não reproduzem bem as cores, e ao chegar em casa, a consumidora ligou para a loja reclamando que a roupa que comprara não era daquela cor, que tinha sido trocada no empacotamento. Na realidade, sua casa era iluminada com lâmpadas com boa reprodução de cores, fazendo a diferença em relação ao provador. Outro problema que pode ocorrer é quando a cliente, toda bronzeada do sol de verão, ao ver-se no espelho de um provador iluminado com péssima reprodução de cores, sentir-se mal ao se perceber pálida e com aspecto como se doente estivesse.

Dica fundamental: *Iluminação lateral, sempre que possível, para eliminar o efeito de sombras no rosto.*

47. E para iluminação de espelho em banheiros ou camarins?

O que se deve evitar, mais do que em qualquer outro local, é o ofuscamento. Para tanto, deve-se optar por lâmpadas que emitam luz o mais difusamente possível. Foi muito comum até há pouco tempo, por falta de informação ou por modismo, instalarem-se dicroicas. O uso desse tipo de lâmpadas resultava numa iluminação de muita reflexão, deixando muito a desejar. Uma boa solução ainda é a incandescente leitosa (sílica), especialmente as de tipo bolinhas de 40W, conhecidas como lâmpadas de geladeira. Fluorescentes compactas com pó trifósforo também são indicadas, embora sejam um tanto desajeitadas esteticamente. Fluorescentes tubulares, com pó trifósforo, também podem ser estrategicamente colocadas. Lâmpadas que não devem ser utilizadas são as transparentes, pois elas ofuscam mais do que iluminam.

Como explicado na dica da resposta anterior, a iluminação dever ser lateral e com pouca difusão de calor.

Neste aspecto, os LEDs, coqueluche do século XXI, resolvem bem essa questão.

48. Existe alguma lâmpada específica para usar em fogão ou geladeira?

A lâmpada incandescente leitosa (sílica) tipo bolinha de 40W, que na embalagem vem escrito: lustre ou ainda fogão e geladeira, pode ser utilizada em qualquer dessas situações, ou seja, de forma decorativa em lustres ou em fogão e geladeira, pois as temperaturas de operação desses aparelhos são inferiores à temperatura que a lâmpada suporta. Uma geladeira/*freezer* atinge a temperatura de –10 °C ou –20 °C e um fogão residencial atinge temperaturas de até 200 °C ou 300 °C, temperaturas suportadas pela lâmpada que, durante o processo de produção, é submetida a temperaturas bem superiores a 300 °C.

Salienta-se ainda, que as lâmpadas bolinhas de 40W leitosas são boas para iluminação de espelhos de banheiro do tipo camarim, por emitirem luz difusa e de excelente reprodução de cores – IRC de 100. Como colocado na resposta à pergunta anterior.

A grande novidade que se indica nesta nova edição é o LED, especialmente nas geladeiras, pois o ele funciona muito bem com o frio. Quanto mais frio, melhor o desempenho do LED. Por isso a maioria dos balcões e *displays* para produtos que necessitam de refrigeração utilizam LEDs.

49. As lâmpadas que funcionam em baixa tensão com transformadores, como as halógenas bipinos, dicroicas, Halospot AR 111, funcionam somente com transformadores individuais?

Podem-se ligar várias lâmpadas em um único transformador desde que o transformador tenha uma potência maior que a soma das potências individuais das lâmpadas instaladas. Por exemplo, um transformador de 100W pode ser utilizado em 2 lâmpadas de 50W ou em 5 lâmpadas de 20W.

Em geral, o transformador tem parâmetros definidos: de 20W a 50W, por exemplo. Neste caso, pode-se utilizar uma lâmpada de 20W, duas lâmpadas de 20W ou uma lâmpada de 50W. Jamais três lâmpadas de 20W, pois ultrapassaria a potência máxima permitida (50W).

50. Como iluminar uma grande avenida?

Antigamente, instalavam-se lâmpadas a vapor de mercúrio ao longo da avenida e, para destacar viadutos, rótulas e outras obras, utilizavam-se lâmpadas a vapor de sódio. A luz amarela do sódio destacava os pontos especiais.

Na sequência, a tendência foi iluminar as ruas e avenidas com lâmpadas a vapor de sódio, destacando os pontos especiais com iluminação com lâmpadas a vapor metálico. Depois, essas iluminações de destaque passaram a serem feitas com excelente reprodução de cores, valorizando os monumentos e, especialmente, a vegetação. Consegue-se, assim, aliar a economia das lâmpadas a vapor de sódio ao longo das avenidas com a beleza representada pelas lâmpadas a vapor metálico.

Relembramos que o Governo ainda está incentivando a instalação de lâmpadas a vapor de sódio, por meio do Projeto Reluz, para que haja economia de energia elétrica na iluminação pública.

Também na iluminação pública, deve-se estar atento ao aspecto do ofuscamento, pois a luz tem de iluminar a avenida e não os objetos em volta. Luminárias mal projetadas podem causar ofuscamento às pessoas, especialmente aos motoristas, podendo ser fator de acidentes de trânsito.

LEDs entram neste segmento de forma muito forte, pois aliam alguns aspectos diferenciados:

- durabilidade;
- eficiência Luminosa;
- luz direcional, iluminando apenas a faixa de rolamento e calçadas;
- funcionam em corrente contínua e podem utilizar energia solar e outras formas de acumuladores;
- baixo consumo de energia.

51. Falou-se em muitas lâmpadas e tipos de iluminação, mas ficou faltando informação sobre iluminação automotiva. Podes nos dizer algo a respeito?

As lâmpadas automotivas têm os mesmos princípios de funcionamento das utilizadas na iluminação geral: lâmpadas incandescentes, halógenas, de descargas entre outras.

Um objetivo é fundamental quando se pensa no assunto: **ver** e **ser visto** (Figura 10.2). Para tanto, são desenvolvidas lâmpadas que buscam essa finalidade. Um farol, por exemplo, deve iluminar ao máximo possível a pista de rolamento – estrada – com o mínimo ofuscamento ao motorista que vem em sentido contrário. Modernamente, existem lâmpadas e faróis extremamente precisos, eliminando totalmente o ofuscamento. Da mesma forma, as lâmpadas de sinaleiras e lanternas devem iluminar de maneira que o carro que anda atrás possa ver o da frente a uma boa distância, mesmo em condições adversas, como é o caso de neblina.

FIGURA 10.2 *Um objetivo fundamental da iluminação automotiva é o de ver e ser visto.*

Também aqui se deve ter cuidado com lâmpadas importadas a preços irrisórios e de péssima qualidade. Em geral, chega-se ao eletricista e pede-se para trocar a lâmpada, sem exigir marca de qualidade e ele instala uma "asiática" que iluminará mal, queimará rapidamente e poderá causar acidentes de trânsito. Na iluminação automotiva, mais do que em qualquer outra, não se pode abrir mão da qualidade, pois é nossa vida e de nossos semelhantes que está em jogo. E nem chega a ser problema de preço, que é relativamente baixo independente da marca. Exija lâmpadas de marcas tradicionais.

Outro caso a ser citado é o das lâmpadas com luz bem branca tendendo ao azulado que estão na moda e são conhecidas como *Cool Blue*, cujas imitações asiáticas são totalmente fora de norma, de 100W, proibidas pelos órgãos de trânsito e pintadas grotescamente de azul. As lâmpadas branco-azuladas das fábricas tradicionais têm as mesmas potências das demais halógenas e recebem um tratamento interno no bulbo para atingir uma temperatura de cor mais alta e são produzidas totalmente de acordo com as normas brasileiras e internacionais. Então, recapitulando, o princípio básico da iluminação automotiva: **ver** e **ser visto**.

Está chegando o momento em que toda a iluminação do automóvel será com LEDs.

52. E sobre iluminação cênica, o que é possível nos dizer?

Para falar sobre esse tema, daria outro livro, como também é o caso da iluminação automotiva. Cito, então, alguns dados básicos sobre o assunto.

Cada situação tem uma iluminação especial e específica, como, iluminar uma peça teatral é totalmente diferente do que iluminar cenários de uma novela na televisão. Muitas vezes são os mesmos artistas, até os mesmos temas, mas situações totalmente diversificadas, pois enquanto na TV tem-se uma iluminação chapada, no teatro usa-se a iluminação para criar o clima da peça: drama, comédia, musical entre outros gêneros.

Iluminação para cinema também é diferente de iluminação de teatro e televisão. Cada filme pede uma iluminação específica, variando conforme a situação e também de acordo com cada cena.

Para iluminação de grandes *shows* de bandas ou cantores consagrados, também são necessárias lâmpadas e iluminação específica para cada *show*, para cada cantor e para cada música.

Observe que, com apenas algumas linhas escritas, concluímos que o tema é muito amplo e merece uma obra específica, pois, mais do que em qualquer outro tipo de iluminação, os recursos e os efeitos são múltiplos com utilização de equipamentos feitos especificamente para a iluminação cênica. Os princípios de funcionamento das lâmpadas são semelhantes aos da iluminação geral, que lemos neste livro: são lâmpadas halógenas, de descargas, com muita utilização de lâmpadas xenon, pois em determinados casos exige-se grandes iluminâncias, com excelente reprodução de cores e temperatura de cor bem alta, uma vez que a boa fotografia é um dos objetivos do iluminador cênico.

Qualquer informação mais específica sobre o tema, faça uso da resposta à pergunta **61**.

Aqui está uma área em que os LEDs chegaram na frente e no livro LED – A luz dos novos projetos explico detalhadamente o porquê.

53. Trabalho numa prefeitura e soube que um revendedor entregou lâmpadas recondicionadas, que duraram pouco e algumas nem chegaram a acender completamente. Como é feito esse recondicionamento de lâmpadas?

Neste caso, com certeza não se trata de lâmpadas recondicionadas, mas sim de lâmpadas usadas mesmo. Como de resto, essa história de lâmpadas recondicionadas é lenda. Até existiram algumas tentativas, mas resultaram em lâmpadas sem a menor durabilidade, queimando em dias, uma vez que eram feitas com "técnicas" grotescas. Como algumas concessionárias de energia e outros grandes consumidores de lâmpadas de descarga – mercúrio, mistas, sódio – fazem manutenção preventiva, ou seja, quando o fluxo luminoso da lâmpada chega a um nível de depreciação crítica, são substituídas todas as que foram instaladas na mesma época, independente de queimadas ou não. Essas lâmpadas, indo para mãos inescrupulosas, são "trabalhadas" no sentido de uma limpeza do bulbo e da base, embaladas nas próprias embalagens das lâmpadas trocadas – ou mesmo em embalagens falsificadas em tipografias – e são colocadas no mercado a preços ínfimos e muitas vezes entregues a prefeituras – que são as maiores consumidoras dessas lâmpadas para iluminação pública. Outros tipos de clientes já receberam lâmpadas usadas como se novas fossem. Certa vez, fui chamado a uma prefeitura, no interior do Rio Grande do Sul, para analisar uma reclamação de que algumas lâmpadas não estavam "abrindo", ou seja, acendiam, mas não chegavam a iluminar (não abriam o fluxo luminoso). De primeira, disse para o funcionário que se tratava de lâmpadas usadas. Pedi que me trouxesse uma caixa intacta, lacrada. Abrindo a caixa, constatei, pelo código de fabricação, que as lâmpadas haviam sido produzidas em épocas bem distintas: 1993, 1997, 1999 e 2000. Isso denunciava tratar-se de lâmpadas usadas, uma vez que numa caixa de lâmpadas, todas devem pertencer a um mesmo lote e mesma época de fabricação. Na hora, o secretário de obras do município ligou para o fornecedor e exigiu a troca daquelas lâmpadas por novas, dizendo-lhe que, se em 72 horas não recebessem lâmpadas comprovadamente novas, faria a queixa crime, colocando a polícia no caso, o que certamente resultaria na prisão do "revendedor mal-intencionado".

54. Mas como pode uma prefeitura ou um grande consumidor saber se está comprando lâmpada nova ou essas usadas?

Quando não comprar diretamente do fabricante, deve-se tomar alguns cuidados, mas a forma mais eficiente é solicitar que o revendedor indique o número da nota fiscal de origem da fábrica. Com esse número, a prefeitura – ou outro comprador – pode contatar o fabricante perguntando para qual cliente foi faturada a nota fiscal com aquele número, confirmando se aquele revendedor realmente comprou as lâmpadas diretamente da fábrica. Confirmado que as lâmpadas foram mesmo faturadas pela fábrica para aquele revendedor, o comprador pode checar se todas as caixas estão com a etiqueta onde aparece o nome do revendedor, número da nota fiscal e data do faturamento, podendo ainda pedir uma cópia da nota fiscal de aquisição das lâmpadas junto ao fabricante.

Como muitos desses "revendedores" lerão este livro e podem elaborar uma maneira de burlar o controle indicado, sugere-se que, havendo dúvidas sobre a origem das lâmpadas, seja feito contato com a fábrica detentora da marca para que outros detalhes sejam confirmados, pois os interesses são mútuos: o do comprador, seja prefeitura ou outro grande consumidor – para não comprar gato por lebre – bem como da própria fábrica que sempre correrá o risco de algum desavisado dizer que comprou lâmpada da marca tal e que não acendeu ou não durou quase nada.

Em razão de problemas como esses é que alguns órgãos públicos exigiam que só participassem das cotações, de forma direta, os fabricantes dos produtos, medida que a Lei 8.666, de 21 de junho de 1993, proíbe, pois, por essa mesma lei, o que predomina é o menor preço e, em muitos casos, leva os órgãos públicos e empregarem de forma leviana as verbas públicas, comprando produtos um pouco mais baratos e que durarão menos da metade do tempo dos outros de melhor qualidade.

Os órgãos públicos, de maneira geral, e as prefeituras e concessionárias, de maneira particular, por serem as que mais compram lâmpadas para iluminação pública, deveriam precaver-se com todas as garantias para a boa aplicação das verbas que são do povo, levando em consideração todos os detalhes do produto ofertado e não apenas o preço, como acontece em muitos casos. Detalhes como vida útil, qualidade, tradição da marca, assistência técnica e garantia de origem deveriam ser levados em consideração na avaliação da proposta.

Solicitar que as lâmpadas ofertadas tenham certificado de qualidade emitido por por instituição reconhecida pelo Inmetro, como o Instituto de Energia e Ambiente (IEE, sigla de Instituto de Eletrotécnica e Energia, denominação antiga desse instituto) da USP ou dos Laboratórios Especializados em Eletroeletrônica, Calibração e Ensaios (LABELO) da PUCRS, é uma medida bem eficaz, especialmente para os casos dessas lâmpadas para iluminação pública (Mercúrio – HQL e Sódio – NAV).

Sei de prefeitura que desclassificou uma empresa que apresentou o certificado de ensaio do IEE da USP, reconhecido pelo Inmetro, que garante a qualidade do produto específico e aceitou como válido o certificado de ISO 9000 apresentado por concorrentes desta empresa, ou seja, aceitou um certificado que aprova o processo –, que é genérico e não comprova a qualidade do produto ofertado de forma específica – e não aceitou aquele que realmente identifica produto/lâmpada de qualidade – o certificado do IEE da USP.

Sugere-se que os órgãos públicos exijam os dois certificados, tanto o do IEE da USP – reconhecido pelo Inmetro – como o da ISO 9000. Na dúvida, deve-se exigir sempre o primeiro, que comprova ser lâmpada de qualidade e que respeita todas as características elétricas e de fotometria. O certificado da ISO 9000 pode ser solicitado, mas não deve nunca substituir o certificado de ensaio, que no caso é o do IEE da USP, ou de outro instituto autorizado pelo Inmetro. Existem alguns institutos que emitem certificados de aprovação de lâmpadas, mas sem realizar todos os ensaios, especialmente os fotométricos. Esse fato descaracteriza a certificação, de modo que esses certificados não podem ser aceitos. Agora, quando a Lei permitir, devem ser privilegiadas sempre lâmpadas de marcas tradicionais, de qualidade comprovada, para não correr riscos de utilização de forma leviana dos recursos públicos, pois além dos problemas de baixa luminosidade, a pouca durabilidade aumentará o custo de manutenção, caracterizando aquela situação consagrada e conhecida de todos: "O barato sai caro".

55. Vejo nos carros importados, como Mercedes, BMW e Audi uma luz muito branca, que o pessoal chama de xenon. Que lâmpada é essa?

Trata-se de uma lâmpada de descarga de última geração para automóveis. Simplificando a explicação, é como se fosse uma lâmpada metálica, dessas que iluminam os estádios de futebol, em tamanho reduzido e com a adição de outros gases, como o próprio xenon. O princípio de funcionamento é igual ao das metálicas: utiliza reator e ignitor. São lâmpadas muito caras, mas extremamente duráveis. Dificilmente uma lâmpada dessas é substituída por queima, apenas por acidente, quando elas são danificadas. Tanto é assim que elas são raras nas revendas e auto-elétricas, sendo substituídas diretamente na agência concessionária. O resultado do conjunto dessa lâmpada com os modernos faróis de superfície complexa é uma luz branca, brilhante e de extrema precisão de foco, eliminando o

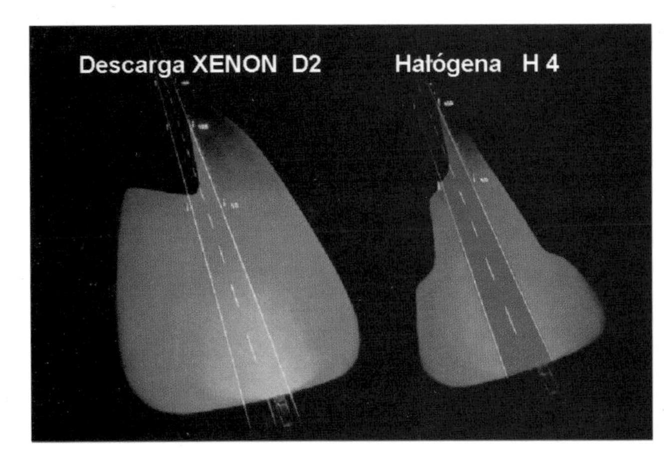

FIGURA 10.3 *Diferença de visibilidade com a utilização de lâmpada de descarga Xenon e Halógena.*

ofuscamento de quem vem em direção contrária na estrada (Figura 10.3). Alguns veículos equipados com esse tipo de conjunto têm sensores na carroçaria que orientam sistematicamente o foco da luz para a pista de rolamento, mesmo quando em curvas ou em lombadas.

56. Mas existem outras lâmpadas que se parecem com as comentadas acima, com uma luz branco-azulada e que são usadas por veículos de menor preço. Elas são permitidas pelos órgãos de trânsito?

Existem duas situações:

- A primeira é a das fábricas tradicionais que têm uma lâmpada de temperatura de cor mais alta, mais branca, cujo bulbo é revestido internamente por um material que corrige a cor da luz, além de modificação dos gases internos, deixando-a mais branca. As mais conhecidas no mercado são a Cool Blue® da Osram® com temperatura de cor de 3.700K e a Blue Vision® da Philips®, com temperatura de cor de 3.500K. São lâmpadas adaptadas normalmente aos faróis originais dos veículos, pois têm o mesmo soquete e as mesmas dimensões.
- A segunda situação é a das lâmpadas que são pintadas de azul e com potências maiores, de até 100W, o que é proibido no Brasil, assim como no mundo inteiro.

Pra ficar bem claro: lâmpadas do tipo Cool Blue e Blue Vision, são totalmente aprovadas pelos órgãos de trânsito e têm uma temperatura de cor de 3.700K enquanto que as lâmpadas [illegible]non de descarga que citamos acima têm temperatura de cor de 4.200K. As duas são adequadas às normas de trânsito.

As lâmpadas proibidas são as pintadas de azul e com potência de 90W ou 100W, especialmente por não terem nenhum controle de qualidade, com filamento fora de padrão e potências mais altas que provocam ofuscamento, o que é danoso para os motoristas nas estradas. Para esse tipo de lâmpadas há, inclusive, a necessidade de um relé auxiliar, em razão da sobrecarga que ela provoca no sistema elétrico.

Excluindo-se essas azuis de 90W ou 100W de baixa qualidade, normalmente asiáticas, as lâmpadas com temperatura de cor mais alta, luz mais branca, se constituem em fator de segurança nas estradas, pois enquanto a luz mais amarela ou avermelhada – temperatura de cor mais baixa – provoca o relaxamento, conforme já vimos em capítulo Conforto e Produtividade a luz mais branca desperta. Diante deste fato comprovado cientificamente, a luz mais branca representada pelas lâmpadas Cool Blue constituem-se em fator de redução de acidente nas estradas.

Aconteceram alguns casos de policiais ou fiscais de trânsito, sem a devida informação sobre o assunto, querendo multar motoristas que estavam usando lâmpadas com luz mais branca, quando deveriam incentivá-los a utilizarem-nas, pela contribuição que trazem para o trânsito.

ATENÇÃO FISCAIS DE TRÂNSITO: lâmpadas prejudiciais e proibidas são aquelas de 90W ou 100W, pintadas de azul, que não devem ser confundidas com as Cool Blue e outras de marcas tradicionais com potências normais. A Cool Blue é aceita no Brasil e no mundo, por estar dentro de todas as normas de qualidade e de trânsito.

O principal fator que deve ser evitado é o ofuscamento, causado pela imprecisão do filamento da lâmpada de baixa qualidade.

57. Qual a melhor lâmpada para usar em sancas?

Deve-se pensar primeiramente em fluorescentes de alto rendimento, com pó trifósforo com ótima reprodução de cores, pois, por mais bonita que seja a sanca, quando se coloca uma fluorescente tradicional, com pó *standard*, especialmente as comuns e antigas de 20W e 40W, todo o trabalho do arquiteto é desvalorizado.

As mais utilizadas atualmente são as fluorescentes T8 de 32W ou 36W, as de 16W ou 18W, mas o melhor resultado, sem dúvida, é conseguido com as T5, em potências de 14W até 80W, que são mais finas e com maior fluxo luminoso.

LEDs, tanto em réguas, mas principalmente em fitas flexíveis, são ideais para sancas, inclusive em curvas, por todas as facilidades de instalação que têm, pois, em geral, são autocolantes e já existem com bom fluxo luminoso, deixando as fluorescentes apenas com opção para alguns casos.

58. Pelo que foi exposto, para iluminar hospitais, deve-se escolher lâmpadas fluorescentes com pó trifósforo, certo?

Parabéns! As lâmpadas com pó trifósforo têm um IRC de 85% e, reproduzindo melhor as cores, deixam as pessoas com um aspecto melhor, enquanto que as fluorescentes tradicionais, reproduzindo pessimamente as cores, fazem as pessoas ficarem pálidas. Esse é um efeito a ser evitado ao máximo nos hospitais, pois ao natural a pessoa doente já está meio pálida e, se este aspecto for evidenciado ainda mais por uma iluminação errada, teremos o efeito de luz atrapalhando uma atividade fundamental que é o tratamento médico/hospitalar.

No livro *ILUMINAÇAO – Simplificando o Projeto*, faço um detalhamento dos diversos ambientes de um hospital e a melhor forma de iluminá-los.

59. E para hotéis, quais as melhores soluções?

O ambiente que o hóspede quer encontrar em um hotel é o mais confortável possível, nunca inferior ao de sua residência. Dentro desse raciocínio, deve-se dividir em áreas distintas: área de lazer, de trabalho e de descanso.

Nas áreas de lazer, utilizar lâmpadas com boa reprodução de cores e bastante iluminância – muita luz, como por exemplo, fluorescentes T5 e mesmo T8, dependendo da altura do teto. Para tetos mais baixos de até 3 metros, pode-se utilizar compactas duplas-D ou triplas-T, todas com pó trifósforo e, nas quadras de esporte, metálicas do tipo HQI® de 250W ou 400W. Nos locais reservados para o trabalho dos hóspedes – *Office room* – as mesmas alternativas em termos de fluorescentes, com temperatura de cor de 4.000K – cor 840 – que também podem ser instaladas nas salas de reuniões, conferências, auditórios, sendo, nos dois últimos casos, com a alternativa de *dimerização* do sistema. Os apartamentos correspondem aos dormitórios das residências e, sendo assim, fluorescentes compactas com temperatura de cor mais baixa – 2.700K, cor 827 – na iluminação geral e cabeceiras. Quando houver mesa ou bancada de trabalho, iluminação específica e direta, podendo ser com as mesmas fluorescentes compactas de 4.000K – cor 840.

Em todos os ambientes citados, iluminação de destaque de objetos de arte, arranjos florais e mesmo marcação de espaços podem e devem ser feitos com as Halospot 111, 70 ou 48 e, em alguns casos, com dicroicas do tipo Titan.

Nos banheiros, fluorescentes para iluminação geral ou Halopar, sendo que para a iluminação de espelhos deve-se escolher uma luz difusa, conforme já informado anteriormente, fazendo o estilo camarim com fluorescentes com pó trifósforo, colocando-as em luminárias com vidro difusor da luz, pois, na hora de fazer a maquiagem há que se evitar de todas as formas o ofuscamento, valorizando a definição das cores.

LEDs entram muito bem em praticamente todos os locais a serem iluminados num Hotel.

60. Que lâmpadas são utilizadas em sinais de tráfego, que têm vários nomes pelo Brasil: sinaleira, sinal, farol ou semáforo?

As mais usadas no país são as lâmpadas incandescentes Centras, com filamento reforçado contra vibrações, também conhecidas como lâmpada do martelinho, por ter em seu bulbo um desenho deste, indicando que resiste a trepidações, normais no tráfego urbano. Uma alternativa mais moderna é a utilização de lâmpadas halógenas de tamanho reduzido – as lâmpadas para semáforo – que sendo pequenas e duráveis, pelo ciclo do halogênio, constituem-se em uma boa alternativa, mas modernamente – e o que representa o futuro para esse tipo de iluminação – são módulos de LEDs específicos para esse fim. Troca-se o farol com lâmpada Centra ou Halógena por um novo farol com LEDs, que é um módulo completo, com a fantástica vida útil de 50.000 horas ou mais, resistente a vibrações e todas as outras vantagens já apregoadas a essa nova e revolucionária forma de luz (Figura 10.4).

FIGURA 10.4
As lâmpadas incandescentes Centra ou halógenas utilizadas na sinalização de tráfego, rapidamente estão sendo substituídas por LEDs.

Aquele veículo – caminhão – atrapalhando o trânsito na hora da troca das lâmpadas queimadas já é coisa do passado com a utilização de módulos de LEDs nas novas sinaleiras/sinais/semáforo/farol, pois em razão da sua grande durabilidade, haverá significativa redução no trabalho de manutenção. São os LEDs, uma nova forma de luz, facilitando a vida de todos nós.

Quando indiquei, em 2002, os LEDs para semáforos era o início dessa aplicação. Atualmente, a grande maioria das cidades já utiliza essa tecnologia.

61. Depois de ler este livro, depois de tantas perguntas, respostas e dicas interessantes, ainda fiquei com alguma dúvida sobre o tema. O que posso fazer?

Pergunta fundamental, para uma reposta fundamental. A partir da leitura deste livro, abriu-se para você a porta do conhecimento sobre lâmpadas e iluminação e, qualquer dúvida que tenha ficado, ou qualquer questionamento que tenha de ser feito sobre esse palpitante e apaixonante tema, poderá ser encaminhado em forma de pergunta para meu endereço eletrônico. Uma regra é definitiva para mim: a partir de agora, nenhum leitor deste livro ficará em dúvida sobre iluminação, pois terei a maior satisfação em responder qualquer pergunta, da mais simples até a mais sofisticada, o que torna este livro interativo e uma porta de entrada para o maravilhoso mundo da luz.

Pergunte, questione, critique e elogie, mas não fique em dúvida, pois agora você é um especialista em iluminação.

11. Especialistas

Saber ou não saber, eis a questão...

Estamos chegando ao final do livro e, como quando estou terminando minhas palestras, começa a aparecer aquele sentimento contraditório de satisfação do dever cumprido e aquela sensação gostosa e nostálgica, que um dia um amigo definiu como "gostinho de quero mais". Uma espécie de saudade do presente, que se explica pela vontade de falar mais sobre lâmpadas e iluminação, que é mais do que um simples tema; é muito mais que uma disciplina do curso de Arquitetura; vai além da vontade de escrever ou falar, pois estou chegando ao final de uma obra, que é o resumo de tudo o que aprendi durante 30 anos de trabalho e que, nos últimos dois anos, me acompanhou nas salas de espera dos aeroportos, nas noites na casa da praia enquanto os amigos jogavam cartas, nos pós-expedientes na empresa, até nos intermináveis "chás de banco" das grandes redes de supermercados.

Escrevendo a primeira edição deste livro, tal é a minha paixão pelo tema, fui protelando seu término, tanto que enquanto trabalhava nele, escrevi o livro de poesias *Rimas da Vida – O Dom Maior em versos*, que se constituiu num grande êxito literário (a edição está esgotada). Todo meu amor e paixão pelo que agora estou escrevendo estão, de certa forma, retratado em *Rimas da Vida*, pois em versos rimados, falava, entre outros temas, da vida, do trabalho e até, sim, em iluminação, já que a vida é luz.

Como não tem jeito mesmo, devo finalizar, mas antes preciso cumprir uma promessa que fiz no início, onde disse que, ao terminar de ler este livro, você se sentiria um verdadeiro especialista em iluminação, como tenho feito durante tantas palestras por esse Brasil afora. Falando, sempre consegui convencer a plateia de que os transformei em pessoas dignas de ostentarem esse título. Escrevendo, tenho a sensação de poder convencer a você também. Se não, vejamos:

Contei uma história sobre a evolução da luz; apresentei os principais conceitos luminotécnicos; revelei os princípios de funcionamento dos diversos tipos de lâmpadas; discorri sobre os principais tipos de lâmpadas e suas utilizações; escrevi sobre sistemas de iluminação e sobre reatores eletrônicos de última geração; mostrei a forma simplificada do cálculo da iluminação geral; transcrevi as principais perguntas e respostas ocorridas em minhas palestras; dei dicas importantes sobre lâmpadas e iluminação e, finalmente, deixei claro a porta que se abriu para você a partir da leitura deste livro, que é a facilidade de contato comigo, para esclarecer qualquer dúvida sobre o tema. A partir de hoje, você está proibido de ficar em dúvida sobre esse envolvente assunto. Todas as suas perguntas serão respondidas e desta forma posso afirmar com todas as letras: **você é um especialista em lâmpadas e iluminação!**

Como? Você ainda não está se sentindo um especialista?

Então terei que convencê-lo definitivamente e o farei agora.

Com a leitura desta obra, se abriram para você as portas das informações específicas, e você tem minha promessa de que todas as eventuais dúvidas serão por mim respondidas em qualquer momento. Então você é realmente um especialista em lâmpadas e iluminação. Sabe por quê?

Porque especialista não é aquele que sabe tudo sobre um assunto, mas é aquele que sabe **onde encontrar as respostas.** E você agora já sabe. Então:

Parabéns a você, ESPECIALISTA EM LÂMPADAS E ILUMINAÇÃO!

PARA UM GRANDE AMIGO

Ao finalizar este livro, tenho orgulho em registrar uma homenagem especial a um grande amigo, repleto da luz dos grandes homens e que durante quase 40 anos construiu e dirigiu sua empresa de material elétrico e iluminação. Sua forma de atuar, humilde, discreta, leal e amiga, deixa-nos a certeza de que é possível a convivência das virtudes maiores do ser humano com a competência comercial. Esta certeza enche-nos de alegria, bem como a todos os que tiveram a dádiva de conhecer esse empresário e excepcional ser humano, que dignifica o ramo em que trabalhamos, bem como a própria raça humana:

WILSON LEMOS,

receba essa homenagem como um pequeno reconhecimento pela tua grande obra e especialmente pelas tuas excepcionais virtudes pessoais.

Obrigado por tudo!

Mauri Luiz da Silva

Impressão e Acabamento
Gráfica Editora Ciência Moderna Ltda.
Tel.: (21) 2201-6662